国家基本职业培训包（指南包 课程包）

保 洁 员

人力资源社会保障部职业能力建设司编制

图书在版编目（CIP）数据

保洁员 / 人力资源社会保障部职业能力建设司编制. -- 北京：中国劳动社会保障出版社，2021

国家基本职业培训包：指南包　课程包

ISBN 978-7-5167-4857-2

Ⅰ. ①保⋯　Ⅱ. ①人⋯　Ⅲ. ①清洁卫生－职业培训－教材　Ⅳ. ①TS976.14

中国版本图书馆 CIP 数据核字（2021）第 142943 号

中国劳动社会保障出版社出版发行

（北京市惠新东街 1 号　邮政编码：100029）

*

三河市华骏印务包装有限公司印刷装订　新华书店经销

880 毫米 × 1230 毫米　16 开本　5.75 印张　101 千字

2021 年 8 月第 1 版　2021 年 8 月第 1 次印刷

定价：**19.00 元**

读者服务部电话：（010）64929211/84209101/64921644

营销中心电话：（010）64962347

出版社网址：http://www.class.com.cn

版权专有　　侵权必究

如有印装差错，请与本社联系调换：（010）81211666

我社将与版权执法机关配合，大力打击盗印、销售和使用盗版图书活动，敬请广大读者协助举报，经查实将给予举报者奖励。

举报电话：（010）64954652

编 制 说 明

为全面贯彻落实习近平总书记对技能人才工作的重要指示精神，进一步增强职业技能培训针对性和有效性，不断提高培训质量，培养壮大创新型、应用型、技能型人才队伍，按照《人力资源社会保障部办公厅关于推进职业培训包工作的通知》（人社厅发〔2016〕162号）的工作安排，我部持续组织开发培训需求量大的国家基本职业培训包，指导开发地方（行业）特色职业培训包，力争全面建立国家基本职业培训包制度，普遍应用职业培训包高质量开展各类职业培训。

职业培训包开发工作是新时期职业培训领域的一项重要基础性工作，旨在形成以综合职业能力培养为核心、以技能水平评价为导向，实现职业培训全过程管理的职业技能培训体系，这对于进一步提高培训质量，加强职业培训规范化、科学化管理，促进职业培训与就业需求的有效衔接，推行终身职业培训制度具有积极的作用。

国家基本职业培训包由指南包、课程包和资源包三个子包构成，是集培养目标、培训要求、培训内容、课程规范、考核大纲、教学资源等为一体的职业培训资源总和，是职业培训机构对劳动者开展政府补贴职业培训服务的工作规范和指南。

国家基本职业培训包遵循《职业培训包开发技术规程（试行）》的要求，依据国家职业技能标准和企业岗位技术规范，结合新经济、新产业、新职业发

编制说明

展编制，力求客观反映现阶段本职业（工种）的技术水平、对从业人员的要求和职业培训教学规律。

《国家基本职业培训包（指南包 课程包）——保洁员》是在各有关专家的共同努力下完成的。参加编审的主要人员有：张红、雷隽娴、李志弘、魏欣、单德刚、王中秋。在编制过程中得到了北京建筑设施服务企业协会、重庆市清洁服务行业协会、黑龙江省清洗保洁行业协会、天津市清洁行业协会、重庆城市管理职业学院、北京信宇佳清洁服务责任公司等有关单位的大力支持，在此一并致谢。

人力资源社会保障部职业能力建设司

国家基本职业培训包编审委员会

主　任　刘　康

副主任　张　斌　王晓君　袁　芳　葛　玮

委　员　田　丰　项声闻　尚　涛　葛恒双

　　　　蔡　兵　赵　欢　吕红文

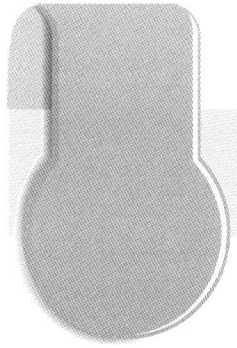

目 录

1 指 南 包

1.1 职业培训包使用指南 ···002
    1.1.1 职业培训包结构与内容···002
    1.1.2 培训课程体系介绍··003
    1.1.3 培训课程选择指导··007
1.2 职业指南ꞏ···008
    1.2.1 职业描述··008
    1.2.2 职业培训对象··008
    1.2.3 就业前景··008
1.3 培训机构设置指南··009
    1.3.1 师资配备要求··009
    1.3.2 培训场地设备配置要求··009
    1.3.3 教学资料配备要求··012
    1.3.4 管理人员配备要求··012
    1.3.5 管理制度要求··012

2 课 程 包

2.1 培训要求···014
    2.1.1 职业基本素质培训要求··014
    2.1.2 五级/初级职业技能培训要求··016

目录

2.1.3 四级/中级职业技能培训要求	018
2.1.4 三级/高级职业技能培训要求	021
2.2 课程规范	**023**
2.2.1 职业基本素质培训课程规范	023
2.2.2 五级/初级职业技能培训课程规范	030
2.2.3 四级/中级职业技能培训课程规范	036
2.2.4 三级/高级职业技能培训课程规范	042
2.2.5 培训建议中的培训方法说明	048
2.3 考核规范	**050**
2.3.1 职业基本素质培训考核规范	050
2.3.2 五级/初级职业技能培训理论知识考核规范	051
2.3.3 五级/初级职业技能培训操作技能考核规范	052
2.3.4 四级/中级职业技能培训理论知识考核规范	053
2.3.5 四级/中级职业技能培训操作技能考核规范	054
2.3.6 三级/高级职业技能培训理论知识考核规范	054
2.3.7 三级/高级职业技能培训操作技能考核规范	055

附录 培训要求与课程规范对照表

附录1 职业基本素质培训要求与课程规范对照表	058
附录2 五级/初级职业技能培训要求与课程规范对照表	064
附录3 四级/中级职业技能培训要求与课程规范对照表	070
附录4 三级/高级职业技能培训要求与课程规范对照表	077

1 指南包

1.1 职业培训包使用指南

1.1.1 职业培训包结构与内容

保洁员职业培训包由指南包、课程包和资源包三个子包构成，结构如下图所示。

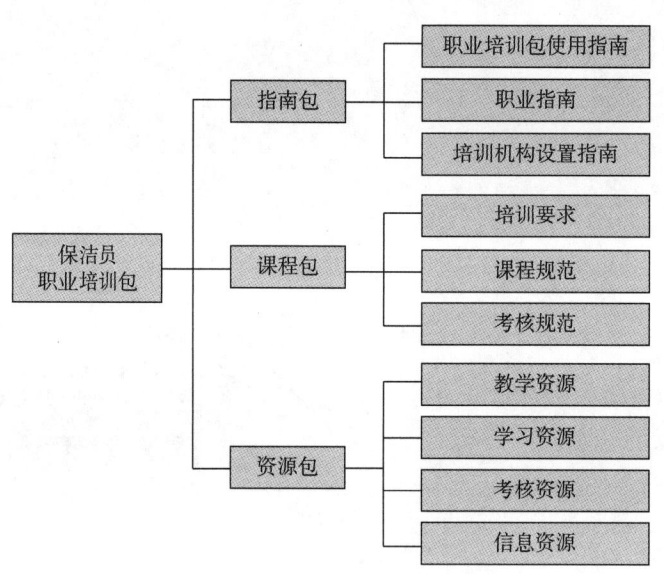

保洁员职业培训包结构图

指南包是职业培训机构、培训教师与学员开展职业培训的服务性内容总合，包括职业培训包使用指南、职业指南和培训机构设置指南。职业培训包使用指南是培训教师与学员了解职业培训包内容、选择培训课程、使用培训资源的说明性文本，职业指南是对职业信息的描述，培训机构设置指南是对培训机构开展职业培训提出的具体要求。

课程包是培训机构与教师实施职业培训，培训学员接受职业培训必须遵守的规范总合，包括培训要求、课程规范和考核规范。培训要求是参照国家职业技能标准，结合职业岗位工作实际需求，制定的职业培训规范；课程规范是依据培训要求，结合职业培训教学规律，对课程设置、课堂学时、课程内容与培训方法等所做的统一规定；考核规范是针对课程规范中所规定的课程内容开发的，能够科学评价培训学员过程性学习效果与终结性培训成果的规则，是客观衡量培训学员职业基本素质与职业技能水平的标准，也是实施职业培训过程性与终结性考核的依据。

资源包是依据课程包要求，基于培训学员特征，遵循职业培训教学规律，应用先进的职业培训课程理念，开发多媒体、多形式的职业培训与考核资源的总合，包括教学资源、学习资源、考核资源和信息资源。教学资源是为培训教师组织实施职业培训教学活动提供的相关资源，学习资源是为培训学员学习职业培训课程提供的相关资源，考核资源是为培训机构和教师实施职业培训考核提供的相关资源，信息资源是为培训教师和学员拓宽视野提供的体现科技进步、职业发展的相关动态资源。

1.1.2 培训课程体系介绍

保洁员职业培训课程体系依据职业技能等级分为职业基本素质培训课程、五级/初级职业技能培训课程、四级/中级职业技能培训课程、三级/高级职业技能培训课程，每一类课程包含模块、课程和学习单元三个层级。保洁员职业培训课程体系均源自本职业培训包课程包中的课程规范，以学习单元为基础，形成职业层次清晰、内容丰富的"培训课程超市"。

保洁员职业培训课程学时分配一览表

职业技能等级	课堂学时		其他学时	培训总学时
	职业基本素质培训课程	职业技能培训课程		
五级/初级	35	30	35	100
四级/中级	10	30	100	140
三级/高级	10	45	125	180

注：课堂学时是指培训机构开展的理论课程教学及实操课程教学的建议最低学时数，其中职业基本素质培训课程为理论知识培训课程，职业技能培训课程包含理论知识和操作技能培训课程。除课堂学时外，培训总学时还应包括岗位实习、现场观摩、自学自练等其他学时。

（1）职业基本素质培训课程

模块	课程	学习单元	课堂学时
1. 职业概况	1-1 职业认知	职业认知	1
	1-2 职业道德	职业道德	1
	1-3 职业守则	职业守则	1
	1-4 职业礼仪	职业礼仪	1
2. 社会价值	2-1 保洁行业发展历程与趋势	保洁行业发展历程与趋势	1
	2-2 保洁对象及场所	保洁对象及场所	1
	2-3 保洁任务及效应	保洁任务及效应	1
3. 常见材质的保洁基本知识	3-1 玻璃材质的保洁	玻璃材质的保洁	1
	3-2 木质材质的保洁	木质材质的保洁	1

续表

模块	课程	学习单元	课堂学时
3．常见材质的保洁基本知识	3-3 金属材质的保洁	金属材质的保洁	1
	3-4 皮革材质的保洁	皮革材质的保洁	1
	3-5 石材类材质的保洁	石材类材质的保洁	1
	3-6 弹性地材的保洁	弹性地材的保洁	1
	3-7 地毯类的保洁	地毯类的保洁	1
	3-8 涂料表面的保洁	涂料表面的保洁	1
	3-9 水泥材质的保洁	水泥地面的保洁	1
4．污垢清除	4-1 污垢概述	污垢概述	1
	4-2 污垢的清除方法	污垢的清除方法	2
5．保洁工具与设备	5-1 常用保洁工具	常用保洁工具	2
	5-2 常用保洁设备	常用保洁设备	2
6．职业健康与安全	6-1 安全防护认知	安全防护认知	1
	6-2 安全防护知识	安全防护知识	1
	6-3 高空作业安全操作	高空作业安全操作	1
	6-4 安全防火知识	安全防火知识	1
	6-5 急救知识	检查	1
		急救方法	1
7．保洁服务质量管理	7-1 二次污染防治	二次污染防治	1
	7-2 质量管理的知识	全面质量管理	2
	7-3 清洁保养质量标准与检查	清洁保养质量标准与检查	1
8．相关法律、法规知识	8-1 相关法律知识	相关法律知识	1
	8-2 相关法规知识	相关法规知识	1
课堂学时合计			35

注：本表所列为五级／初级职业基本素质培训课程，其他等级职业基本素质培训课程按"保洁员职业培训课程学时分配一览表"中相应的课堂学时要求进行必要的调整。

（2）五级／初级职业技能培训课程

模块	课程	学习单元	课堂学时
1．室内除尘	1-1 表面除尘	（1）擦拭工具准备	1
		（2）家具擦拭	1
		（3）门窗擦拭	1
		（4）玻璃刮擦	1
		（5）电梯擦拭	2
	1-2 地面除尘	（1）地面除尘工具的准备	1
		（2）室内地面清扫	1

续表

模块	课程	学习单元	课堂学时
1．室内除尘	1-2 地面除尘	（3）地面刮擦	1
		（4）尘推的保养	1
		（5）尘推的使用	1
		（6）拖把的使用	1
	1-3 吸尘器的使用	（1）吸尘器的养护	1
		（2）使用吸尘器吸尘	1
		（3）吸尘器简单故障排除	1
2．室外除尘	2-1 室外除尘准备	室外除尘工具的准备	1
	2-2 城市道路清扫	城市道路清扫	1
	2-3 城市家具除尘	城市家具除尘	1
3．消毒	3-1 消毒准备	（1）消毒工具	1
		（2）常用消毒剂的种类	1
		（3）消毒剂的配制	1
		（4）人员防护	1
		（5）应急处置	1
	3-2 擦拭法消毒	运用擦拭法对物体表面进行消毒	1
	3-3 喷洒法消毒	运用喷洒法对器物及空间进行消毒	1
	3-4 消毒工具的整理	消毒工具的整理	1
4．垃圾清运	4-1 垃圾分类	垃圾分类	2
	4-2 垃圾收集	垃圾收集	1
	4-3 垃圾转运	垃圾转运	1
课堂学时合计			30

（3）四级／中级职业技能培训课程

模块	课程	学习单元	课堂学时
1．除污	1-1 除污准备	擦拭工具准备	1
	1-2 室内污垢清除	（1）水垢清除	1
		（2）锈垢清除	1
		（3）油垢清除	1
	1-3 建筑施工残留污垢清除	（1）装饰胶污垢、油漆污垢清除	1
		（2）水泥污垢清除	1
	1-4 墙面清洗	（1）墙面材质识别	1
		（2）低位墙面清洗	1
		（3）高位墙面清洗	1

续表

模块	课程	学习单元	课堂学时
2．养护	2-1 金属物品养护	（1）不锈钢的养护	1
		（2）铜器的养护	1
	2-2 木器养护	木器的养护	1
3．地面清洗	3-1 洗地准备	（1）自动洗地机的养护	1
		（2）单擦机的养护	1
		（3）吸水机的养护	1
	3-2 地面清洗操作	地面清洗设备的使用	1
4．公共卫生间服务	4-1 如厕服务	（1）厕内各种设施的使用知识	1
		（2）提供如厕服务	1
	4-2 公共卫生间日常管理	公共卫生间的日常管理	1
	4-3 公共卫生间突发情况应对	（1）公共卫生间设备异常的应对	1
		（2）异常突发情况的应对	1
5．有害生物灭杀	5-1 有害生物灭杀工作的实施	（1）蟑螂灭杀	1
		（2）蚂蚁灭杀	1
		（3）蚊子灭杀	1
		（4）苍蝇灭杀	1
		（5）老鼠灭杀	1
	5-2 有害生物灭杀的安全措施和防控	（1）告示、明示的撰写	1
		（2）操作人员的安全防护	1
		（3）中毒的应急处置	1
		（4）火警及爆炸风险	1
课堂学时合计			30

（4）三级／高级职业技能培训课程

模块	课程	学习单元	课堂学时
1．地毯保洁	1-1 地毯保洁的基础知识	（1）地毯的物理特性	1
		（2）地毯的结构特性	1
		（3）污渍类型的判断方法	1
		（4）清洁剂、清洗工具和清洗设备的准备	1
	1-2 地毯清洗	（1）地毯去渍操作	1
		（2）地毯泡沫清洗法	2
		（3）地毯抽洗清洗法	1

续表

模块	课程	学习单元	课堂学时
1．地毯保洁	1-2 地毯清洗	（4）地毯干洗法	1
	1-3 地毯养护	地毯养护操作	1
2．地面打蜡	2-1 打蜡准备	（1）蜡水的选择	1
		（2）打蜡工具、设备和清洁剂的选择	1
		（3）作业现场布置	1
	2-2 地面起蜡与打蜡	（1）地面起蜡	2
		（2）地面打蜡	2
	2-3 蜡面保养	蜡面的保养	2
3．晶面处理	3-1 晶面处理的基础知识	（1）晶面处理的原理和优点	1
		（2）设备、工具准备	1
		（3）清洁剂准备	1
		（4）作业现场布置	1
	3-2 晶面作业实施	（1）大理石拼花地面的晶面处理	2
		（2）瓷砖地面的晶面处理	2
		（3）花岗岩地面的晶面处理	2
	3-3 晶面的日常保养	（1）制订日常保养计划	2
		（2）实施日常保养	2
4．公共卫生间设施管理	4-1 免水冲公共卫生间的日常管理	免水冲公共卫生间的日常管理	1
	4-2 太阳能照明或供暖公共卫生间的日常管理	太阳能照明或供暖公共卫生间的日常管理	2
	4-3 水处理循环使用的环保公共卫生间的日常管理	水处理循环使用的环保公共卫生间的日常管理	1
5．培训与指导	5-1 业务培训	（1）目标和任务的确定	1
		（2）培训讲义的编写	2
		（3）培训实施	2
		（4）培训考核	1
	5-2 操作指导	技能指导	2
课堂学时合计			45

1.1.3 培训课程选择指导

职业基本素质培训课程为必修课程，相当于本职业的入门课程。各级别职业技能培训课程由培训机构教师根据培训学员实际情况，遵循高级别涵盖低级别的原则进行选择。

原则上，初入职的培训学员应具备普通保洁员的理论基础和基本操作技能，然后学习职业基本素质培训课程和五级/初级职业技能培训课程的全部内容；有职业技能等级提升需求的培训学员，可按照国家职业技能标准的"鉴定要求"，对照自身需求选择更高等级的培训课程。

具有一定从业经验、无职业技能等级晋升要求的培训学员，可根据自身实际情况，自主选择本职业培训课程体系。具体方法为：（1）选择课程模块：根据工作岗位选择适合自己的课程模块进行学习，进行岗位和能力的提升；（2）在模块中筛选课程：通过已经掌握的模块课程内容，筛选出需要掌握学习的内容，进行职业能力提升；（3）在课程中筛选学习单元：对于掌握一定技能，但不扎实、不够全面的情况，可以在选择的课程中筛选学习单元进行补充性学习，从而全面掌握保洁服务能力；（4）组合成本次培训的课程内容。可以对课程内容进行组合，梳理成课件，培训他人。

培训教师可以根据以上方法对培训学员进行单独指导。对于订单培训，培训教师可以按照以上方法，对照订单需求进行培训课程的选择。

1.2 职业指南

1.2.1 职业描述

保洁员是指从事公共区域环境及设施清洁、保养的人。

1.2.2 职业培训对象

保洁员职业培训的对象主要包括：城乡未继续升学的应届初高中毕业生、农村转移就业劳动者、城镇登记失业人员、转岗转业人员、退役军人、企业在职职工、高校毕业生等各类有培训需求的人员。

1.2.3 就业前景

随着城市建设进程的加快，房地产快速发展，建筑材料不断变化，其清洁维护工作就更加需要掌握专业的知识和技能。清洁中的保洁服务工作可为建筑设施提供维护，其就业前景广阔。作为我国重大疫情防控体系、国家公共卫生体系的重要组成部分，高品质的保洁工作能有效预防、减少以至消灭疾病，提高健康水平。在大数据、人工智能、机械化的背景下，保洁员的岗位更加多元化，除可视情况晋升为传统的领班、项目主管、项目经理以外，还可以作为民宿短租公寓保洁员、清洁车驾驶员、石材护理员、木地板养护员、清洁服务技师、清洁运营管理师、保洁方案策划师等，也可以在办公楼、写字楼、图书馆、机场、体育场馆、宾馆、酒店、居住区、医院等场所内工作。

1.3 培训机构设置指南

1.3.1 师资配备要求

（1）培训教师任职基本条件

1）培训五级/初级、四级/中级保洁员的教师应具备本职业三级/高级职业资格证书（技能等级证书）或相关专业中级及以上专业技术职务任职资格。

2）培训三级/高级保洁员的教师应具备本职业三级/高级职业资格证书（技能等级证书）2年以上或相关专业高级专业技术职务任职资格。

（2）培训教师数量要求（以30人培训班为基准）

1）理论课教师：1人（含）以上；培训规模超过30人的，按教师与学员之比不低于1∶30配备教师。

2）实习指导教师：1人（含）以上；培训规模超过30人的，按教师与学员之比不低于1∶30配备教师。

1.3.2 培训场地设备配置要求

培训场所设备配置要求如下（以30人培训班为基准）。

（1）理论知识培训场所配备要求：100 m^2以上的标准教室，多媒体教学设备（计算机、投影仪、幕布或显示屏、网络接入设备、音响设备）、黑（白）板、30套以上的桌椅，符合照明、通风、安全等相关规定。

（2）操作技能培训场所设备配置要求：五级/初级、四级/中级保洁员的操作技能培训场所应具备教师演示和学员练习两个功能，三级/高级保洁员的培训场所可增加技术攻关、特技绝活展示功能区。保洁员技能实训场所的实训设备数量和工具配件

指南包

须同时满足3人/组，轮流进行实训教学；设备及场地要符合劳保、安全、环保、卫生、消防、通风、照明等相关规定及安全规程。

各职业技能等级培训实训设备配置见下表。

各职业技能等级实训设备配置

序号	用具设备及其他物品、材料	数量或规格说明	等级		
			五级/初级	四级/中级	三级/高级
1	手推洗地机	1台	—	√	√
2	驾驶式洗地机	1台	—	√	√
3	驾驶式扫地机	1台	—	√	√
4	高压清洗机	1台	—	√	√
5	吹干机	1台	—	√	√
6	单刷机	1台	—	√	√
7	吸尘器	1台	—	√	√
8	吸尘吸水机	1台	—	√	√
9	高速抛光机	1台	—	—	√
10	大理石结晶机	1台	—	—	√
11	测光仪	1部	—	—	√
12	手持抛光机	2台	—	—	√
13	榨水车	1台	√	√	√
14	伸缩杆（2.4 m）	3根	√	√	√
15	防风簸箕+扫把	3套	√	√	√
16	超细纤维毛巾（40 cm×40 cm）	30块	√	√	√
17	喷壶	30个	√	√	√
18	百洁布	30块	√	√	√
19	橡胶手套	30副	√	√	√
20	口罩	30个	√	√	√
21	清洁水桶	30个	√	√	√
22	软毛长刷	30把	√	√	√
23	小刷子	30把	√	√	√
24	塑料扫帚	10把	√	√	√
25	拖把（胶绵拖把、棉条拖把）	10套	√	√	√

续表

序号	用具设备及其他物品、材料	数量或规格说明	等级		
			五级/初级	四级/中级	三级/高级
26	尘推	10套	√	√	√
27	平推	10套	√	√	√
28	"暂停使用"告示牌	10个	√	√	√
29	"小心地滑"告示牌	10个	√	√	√
30	上水器	10套	√	√	√
31	玻璃刮刀	10套	√	√	√
32	推水器	10套	√	√	√
33	反光衣	30件	√	√	√
34	捡拾器	10个	√	√	√
35	铲雪器	5个	√	√	√
36	工具包	30个	√	√	√
37	工具车	10台	√	√	√
38	尘掸	30个	√	√	√
39	人字梯	10架	√	√	√
40	清洁垫（黑、红、白）	10个	—	√	√
41	钢丝绒	5个	—	—	√
42	多功能清洁剂	4 Ukgal	√	√	√
43	洁厕剂	4 Ukgal	√	√	√
44	去渍剂	4 Ukgal	√	√	√
45	去油剂	4 Ukgal	√	√	√
46	尘推油	4 Ukgal	√	√	√
47	高泡地毯清洁液	4 Ukgal	—	√	√
48	不锈钢清洁剂	4 Ukgal	√	√	√
49	不锈钢保养剂	4 Ukgal	√	√	√
50	地蜡	4 Ukgal	—	√	√
51	面蜡	4 Ukgal	—	√	√
52	抛光蜡	4 Ukgal	—	√	√
53	起蜡液	4 Ukgal	—	√	√
54	石材地面用磨片	1套（各色型号）	—	—	√
55	研磨粉	500 mL	—	—	√

续表

序号	用具设备及其他物品、材料	数量或规格说明	等级		
			五级/初级	四级/中级	三级/高级
56	抛光浆	4 Ukgal	—	—	√
57	结晶剂	4 Ukgal	—	—	√
58	洗手液	4 Ukgal	√	√	√
59	除胶剂	500 mL	—	—	√
60	皮革清洁养护剂	4 Ukgal	—	√	√
61	卫生纸	1 卷	√	√	√
62	大盘纸	1 卷	√	√	√
63	擦手纸	1 包	√	√	√
64	喷香机	1 台	√	√	√

1.3.3 教学资料配备要求

（1）培训规范：《保洁员国家职业技能标准》《保洁员职业基本素质培训要求》《保洁员职业技能培训要求》《保洁员职业基本素质培训课程规范》《保洁员职业技能培训课程规范》《保洁员职业基本素质培训考核规范》《保洁员职业技能培训理论知识考核规范》《保洁员职业技能培训操作技能考核规范》。

（2）教学资源：教材教辅、网络资源等内容必须符合"（1）培训规范"。

1.3.4 管理人员配备要求

（1）专职校长：1人，应具有大专及以上文化程度，中级及以上专业技术职称任职资格，从事职业技术教育及教学管理5年（含）以上，熟悉职业培训的有关法律、法规。

（2）教学管理人员：1人（含）以上，专职不少于1人；应具有大专及以上文化程度，中级及以上专业技术职务任职资格，从事职业技术教育及教学管理5年（含）以上，具有丰富的教学管理经验。

（3）办公室人员：1人（含）以上，应具有大专及以上文化程度。

（4）财务管理人员：2人，应具有大专及以上文化程度及财会人员从业资格证书。

1.3.5 管理制度要求

应建立健全完备的管理制度，包括办学章程与发展规划、教学管理、教师管理、学员管理、财务管理、设备管理等制度。

2 课程包

2.1 培训要求

2.1.1 职业基本素质培训要求

职业基本素质模块	培训内容		培训细目
1. 保洁员职业概况	1-1	职业认知	(1) 保洁员职业简介 (2) 保洁员职业特点
	1-2	职业道德	保洁员的职业道德
	1-3	职业守则	保洁员的职业守则
	1-4	职业礼仪	(1) 保洁员形象要求 (2) 保洁员行为礼仪要求 (3) 保洁员文明用语要求
2. 保洁社会价值	2-1	保洁行业发展历程与趋势	(1) 保洁行业发展历程 (2) 保洁行业发展趋势
	2-2	保洁对象及场所	(1) 保洁对象 (2) 保洁场所
	2-3	保洁任务及效应	(1) 保洁任务 (2) 保洁效应
3. 常见材质的保洁基本知识	3-1	玻璃材质的保洁	(1) 玻璃的分类 (2) 玻璃材质的应用场景 (3) 玻璃材质保洁注意事项
	3-2	木质材质的保洁	(1) 木质的分类 (2) 木质地板的铺装工艺 (3) 木质地板清洁保养注意事项
	3-3	金属材质的保洁	(1) 金属制品的种类 (2) 常用金属制品的应用和特性 (3) 金属制品清洁保养注意事项
	3-4	皮革材质的保洁	(1) 皮革的分类 (2) 皮革材质的应用场景 (3) 皮革保洁的注意事项
	3-5	石材材质的保洁	(1) 石材的种类 (2) 常见石材的特性和应用场景 (3) 石材保洁的注意事项

续表

职业基本素质模块	培训内容	培训细目
3. 常见材质的保洁基本知识	3-6 弹性地材的保洁	(1) 弹性地材的分类 (2) 弹性地材的应用场景 (3) 弹性地材保洁的注意事项
	3-7 地毯的保洁	(1) 地毯的分类 (2) 地毯的构造及铺装 (3) 地毯保洁的注意事项
	3-8 涂料表面的保洁	(1) 涂料的分类 (2) 涂料的涂装工艺 (3) 涂料表面保洁的注意事项
	3-9 水泥材质的保洁	(1) 水泥的形成及特性 (2) 水泥保洁的注意事项
4. 污垢清除	4-1 污垢概述	(1) 污垢的定义 (2) 污垢的种类
	4-2 污垢的清除方法	(1) 物理除污 (2) 化学除垢 (3) 生物除垢
5. 保洁工具与设备	5-1 常用保洁工具	(1) 常用保洁工具的名称 (2) 常用保洁工具的构造 (3) 常用保洁工具的用途
	5-2 常用保洁设备	(1) 常用保洁设备的名称 (2) 常用保洁设备的构造 (3) 常用保洁设备的用途
6. 职业健康与安全	6-1 安全防护认知	(1) 安全防护的定义 (2) 安全防护的意义
	6-2 安全防护知识	(1) 用电的安全防护 (2) 攀高的安全防护 (3) 使用清洁剂的安全防护 (4) 清洁环境不安全因素的防护
	6-3 高空作业安全操作	(1) 人员要求 (2) 地面安全防护措施 (3) 作业现场安全防护措施 (4) 高空作业安全防护用品使用常识 (5) 高空吊板作业注意事项
	6-4 安全防火知识	(1) 火灾的预防 (2) 火情的处理方法 (3) 灭火的方法 (4) 常用灭火器材的使用

续表

职业基本素质模块	培训内容	培训细目
6. 职业健康与安全	6-5 急救知识	(1) 急救准备 (2) 急救处置
7. 保洁服务质量管理	7-1 二次污染防治	(1) 二次污染的定义 (2) 二次污染的防范措施
	7-2 质量管理的知识	(1) 全面质量管理的定义 (2) PDCA 质量改进循环法 (3) 服务质量管理的基本方法 (4) 质量管理制度
	7-3 清洁保养质量标准与检查	(1) 检查点质量标准 (2) 检查方法
8. 相关法律、法规知识	8-1 相关法律知识	(1)《中华人民共和国劳动合同法》 (2)《中华人民共和国劳动法》 (3)《中华人民共和国道路交通安全法》 (4)《中华人民共和国治安管理处罚法》
	8-2 相关法规知识	(1)《城市市容和环境卫生管理条例》 (2)《突发公共卫生事件应急条例》

2.1.2 五级/初级职业技能培训要求

职业功能模块	培训内容	技能目标	培训细目
1. 室内除尘	1-1 表面除尘	1-1-1 能选择表面除尘工具及清洁剂	(1) 分析工作任务 (2) 分析工作环境 (3) 选择工具及清洁剂
		1-1-2 能擦拭家具	(1) 分辨家具 (2) 选择擦拭方法 (3) 擦拭家具的步骤
		1-1-3 能擦拭门窗	(1) 分辨门窗的类型 (2) 检查门窗状态及安全隐患 (3) 擦拭门窗的步骤
		1-1-4 能刮擦玻璃	(1) 使用铲刀去除顽固污渍 (2) 使用上水器润湿并去除表面污渍 (3) 使用刮刀去除污水

续表

职业功能模块	培训内容	技能目标	培训细目
1. 室内除尘	1-1 表面除尘	1-1-5 能擦拭电梯	（1）检查电梯的运行状态并排查安全隐患 （2）电梯保洁工作的主要内容 （3）擦拭电梯轿厢
	1-2 地面除尘	1-2-1 能选择地面除尘工具	（1）分析工作任务 （2）分析工作环境 （3）选择工具及清洁剂
		1-2-2 能清扫室内地面	（1）分析室内地面、楼梯情况及安全隐患 （2）清扫室内地面 （3）清扫楼梯
		1-2-3 能刮擦地面	（1）操作推水器 （2）配合使用其他工具
		1-2-4 能使用尘推进行地面推尘	（1）尘推的拆装 （2）喷涂静电除尘剂 （3）地面推尘 （4）尘推除尘整理
		1-2-5 能使用拖把拖擦地面	（1）拖擦的方法 （2）拖擦的注意事项
	1-3 吸尘器的使用	1-3-1 能养护吸尘器	（1）吸尘器的种类及工作原理 （2）吸尘器的拆装 （3）吸尘器的整理
		1-3-2 能使用吸尘器除灰	（1）清除家具上的灰尘 （2）清除地面尘土
		1-3-3 能排除常见的简单故障	（1）常见简单故障的种类 （2）常见简单故障的处理方法
2. 室外除尘	2-1 室外除尘准备	能选择室外除尘工具	（1）分析工作任务 （2）分析工作环境 （3）选择工具及清洁剂
	2-2 城市道路清扫	能清扫城市道路	（1）清洁作业车在城市道路通行的安全注意事项 （2）清扫路面 （3）捡拾垃圾 （4）垃圾装车
	2-3 城市家具除尘	能给城市家具除尘	（1）分析城市家具的种类 （2）城市家具除尘的注意事项

续表

职业功能模块	培训内容	技能目标	培训细目
3．消毒	3-1 消毒准备	3-1-1 能配制消毒剂	（1）识别消毒工具种类 （2）识别消毒剂种类 （3）消毒剂配制操作
		3-1-2 能进行人员防护及应急处置	（1）消毒剂造成伤害的方式及防护 （2）感染风险的防护措施 （3）应急处置方法
	3-2 擦拭法消毒	能使用擦拭法对物体表面进行消毒	（1）擦拭法消毒的优点及应用场景 （2）擦拭法消毒的注意事项
	3-3 喷洒法消毒	能使用喷洒法对器物及空间进行消毒	（1）喷洒法消毒的优点及应用场景 （2）喷洒法消毒的注意事项
	3-4 消毒工具的整理	能对消毒工具进行整理	（1）消毒工具的消毒及清洗 （2）剩余消毒剂的处置
4．垃圾清运	4-1 垃圾分类	能对垃圾进行分类投放	（1）垃圾分类 （2）识别垃圾分类标志
	4-2 垃圾收集	能收集垃圾桶内的垃圾	收集垃圾桶内的垃圾
	4-3 垃圾转运	能使用运输工具转运垃圾	（1）使用平板推车转运垃圾 （2）使用环卫收集车转运垃圾 （3）垃圾转运的安全防护和注意事项

2.1.3 四级／中级职业技能培训要求

职业功能模块	培训内容	技能目标	培训细目
1．除污	1-1 除污准备	能选择除污工具及清洁剂	（1）分析工作任务 （2）分析工作环境 （3）选择工具及清洁剂
	1-2 室内污垢清除	1-2-1 能使用酸性清洁剂清除水垢	（1）清除水垢的方法 （2）清除水垢的具体操作
		1-2-2 能使用中性清洁剂清除锈垢	（1）清除锈垢的方法 （2）清除锈垢的具体操作

续表

职业功能模块	培训内容	技能目标	培训细目
1．除污	1-2 室内污垢清除	1-2-3 能使用碱性清洁剂清除顽固油垢	(1) 清除油垢的方法 (2) 清除油垢的具体操作
	1-3 建筑施工残留污垢清除	1-3-1 能使用有机溶剂清除装饰胶污垢和油漆污垢	(1) 清除装饰胶污垢的方法 (2) 清除油漆污垢的方法 (3) 清除装饰胶污垢和油漆污垢的具体操作
		1-3-2 能清除水泥污垢	(1) 清除水泥污垢的方法 (2) 清除水泥污垢的具体操作
	1-4 墙面清洗	1-4-1 能识别墙面材质	(1) 常见的墙面材质 (2) 不同材质墙面的清洁注意事项
		1-4-2 能清洗低位(3 m以下)墙面	(1) 低位墙面的清洗方法 (2) 低位墙面的清洗步骤
		1-4-3 能清洗高位(3 m以上)墙面	(1) 高位墙面的清洗方法 (2) 高位墙面清洗的安全注意事项
2．养护	2-1 金属物品养护	2-1-1 能对不锈钢材质物品进行养护	(1) 养护剂的使用 (2) 不锈钢材质物品养护的具体操作
		2-1-2 能对铜器进行养护	(1) 铜器养护剂 (2) 铜器养护的具体操作
	2-2 木器养护	能对木器进行养护	(1) 木器养护剂 (2) 木器养护的具体操作
3．地面清洗	3-1 洗地准备	能养护地面清洗设备	(1) 地面清洗设备的种类及工作原理 (2) 地面清洗设备的拆装 (3) 地面清洗设备的养护和故障排除
	3-2 地面清洗操作	能使用地面清洗设备	(1) 地面清洗工作场景的布置 (2) 地面清洗设备的具体操作
4．公共卫生间服务	4-1 如厕服务	4-1-1 能指导如厕人员正确使用厕内各种设施	(1) 厕具的使用知识 (2) 厕内其他设施的使用知识
		4-1-2 能为如厕的老人、孕妇、儿童、残疾人提供帮助	(1) 如厕服务对象的特征 (2) 如厕服务的具体操作

续表

职业功能模块	培训内容	技能目标	培训细目
4. 公共卫生间服务	4-2 公共卫生间日常管理	能统计水、电数，做交接班记录，履行日常管理程序	(1) 水、电表的识读 (2) 填写公共卫生间日常管理记录
	4-3 公共卫生间突发情况应对	4-3-1 能对公共卫生间进行简单维修	公共卫生间设备异常的应对
		4-3-2 能应对异常突发情况	(1) 火情、匪情的应对 (2) 如厕人员突发疾病的应对
5. 有害生物灭杀	5-1 有害生物灭杀工作的实施	5-1-1 能灭杀蟑螂	(1) 蟑螂的生态习性 (2) 蟑螂的防控方法 (3) 蟑螂尸体的处理
		5-1-2 能灭杀蚂蚁	(1) 蚂蚁的生态习性 (2) 蚂蚁的防控方法
		5-1-3 能灭杀蚊子	(1) 蚊子的生态习性 (2) 蚊子的防控方法
		5-1-4 能灭杀苍蝇	(1) 苍蝇的生态习性 (2) 苍蝇的防控方法 (3) 苍蝇尸体的处理
		5-1-5 能灭杀老鼠	(1) 老鼠的生态习性 (2) 老鼠的防控方法 (3) 老鼠尸体的处理
	5-2 有害生物灭杀的安全措施和防控	5-2-1 能将虫控方案的关键信息通过告示、明示的方法进行发布	(1) 虫控方案的内容 (2) 灭杀有害生物的告示、明示的撰写
		5-2-2 能选择、佩戴安全防护用具	(1) 安全防护用具的种类及作用 (2) 安全防护用具的佩戴方法
		5-2-3 能对误服除害剂的人、畜实施紧急救助	(1) 除害剂中毒的方式 (2) 除害剂中毒的症状 (3) 急救处置
		5-2-4 能应对火警及爆炸风险	(1) 起火、爆炸的原因 (2) 报警 (3) 火情初期的扑救 (4) 自救及逃生技能

2.1.4 三级/高级职业技能培训要求

职业功能模块	培训内容	技能目标	培训细目
1. 地毯保洁	1-1 地毯保洁的基础知识	1-1-1 能识别地毯的种类及结构特性	(1) 地毯的种类 (2) 地毯的结构特性
		1-1-2 能识别地毯污渍	(1) 地毯污渍的形成原理 (2) 污渍种类的判断方法
		1-1-3 能做好清洁准备（准备好清洁剂、清洗工具和清洗设备）	(1) 常用地毯清洁剂的清洁原理 (2) 常用地毯清洗工具 (3) 常用地毯清洗设备 (4) 工作现场布置要求及注意事项
	1-2 地毯清洗	1-2-1 能进行地毯局部除污	(1) 地毯局部除污的适用范围 (2) 地毯局部除污的具体操作
		1-2-2 能使用泡沫清洗法清洗地毯	(1) 泡沫清洗法的种类和适用范围 (2) 泡沫清洗法的具体操作
		1-2-3 能使用抽洗清洗法清洗地毯	(1) 抽洗清洗法的适用范围 (2) 抽洗清洗法的具体操作
		1-2-4 能使用干洗法清洗地毯	(1) 干洗法的适用范围 (2) 干洗法的具体操作
	1-3 地毯养护	能对地毯实施日常养护	(1) 养护工具、设备 (2) 地毯养护的具体操作 (3) 地毯养护质量标准
2. 地面打蜡	2-1 打蜡准备	2-1-1 能选择适合的蜡水	常见需打蜡的地面的材质种类及特性
		2-1-2 能根据地面材质选择打蜡的设备、工具和清洁剂	(1) 打蜡使用的工具及设备 (2) 打蜡使用的清洁剂
		2-1-3 能布置作业现场	(1) 现场隔离 (2) 设备调试 (3) 工装及防护
	2-2 地面起蜡与打蜡	2-2-1 能使用起蜡水剥离原蜡层	(1) 地面起蜡的条件分析 (2) 地面起蜡的具体操作

续表

职业功能模块	培训内容	技能目标	培训细目
2．地面打蜡	2-2 地面起蜡与打蜡	2-2-2 能对地面进行打蜡	(1) 封底蜡和面蜡的作用 (2) 地面打蜡的流程 (3) 地面打蜡的注意事项
	2-3 蜡面保养	能对蜡面进行保养	(1) 蜡面推尘 (2) 蜡面清洗 (3) 蜡面抛光 (4) 蜡面补蜡
3．晶面处理	3-1 晶面处理的基础知识	3-1-1 能根据晶面材料选择相应的晶面处理设备、工具	(1) 常用晶面处理设备的工作原理及注意事项 (2) 常用晶面处理工具的工作原理及注意事项
		3-1-2 能根据不同的石材质量选择相应的晶面处理清洁剂	常用晶面处理清洁剂的特点及适用对象
		3-1-3 能做好作业现场的成品保护	作业现场成品保护的注意事项
	3-2 晶面作业实施	3-2-1 能对大理石拼花地面进行晶面处理	(1) 大理石拼花地面晶面处理的方法 (2) 大理石拼花地面晶面处理的流程
		3-2-2 能对瓷砖地面进行晶面处理	(1) 瓷砖地面晶面处理的方法 (2) 瓷砖地面晶面处理的流程
		3-2-3 能对花岗岩地面进行晶面处理	(1) 花岗岩地面晶面处理的方法 (2) 花岗岩地面晶面处理的流程
	3-3 晶面的日常保养	3-3-1 能进行日常保养计划的安排	日常保养计划的安排
		3-3-2 能进行日常保养的实施	(1) 日常推尘 (2) 周期性研磨
4．公共卫生间设施管理	4-1 免水冲公共卫生间的日常管理	能进行免水冲公共卫生间的日常管理	(1) 免水冲公共卫生间的种类及工作原理 (2) 发泡免水冲公共卫生间的日常管理

续表

职业功能模块	培训内容	技能目标	培训细目
4. 公共卫生间设施管理	4-2 太阳能照明或供暖公共卫生间日常管理	能维护太阳能照明或供暖设备	(1) 清洁太阳能照明和供暖设备 (2) 维护、使用太阳能照明和供暖设备
	4-3 水处理循环使用的环保公共卫生间的日常管理	能进行水处理循环使用的环保公共卫生间的日常管理	(1) 水处理循环使用的环保公共卫生间的工作原理 (2) 水处理设施的操作 (3) 水处理设施使用的注意事项
5. 培训与指导	5-1 业务培训	5-1-1 能确定培训目标和任务	(1) 培训目标 (2) 培训方针和任务
		5-1-2 能编写培训讲义	(1) 培训基本要求 (2) 教学内容 (3) 培训讲义的编写方法
		5-1-3 能进行培训	(1) 教学材料准备 (2) 培训方法 (3) 教学方法
		5-1-4 能进行培训考核	(1) 培训计划表 (2) 培训考核参考表
	5-2 操作指导	能进行操作指导	(1) 专业技能指导的方法 (2) 案例指导

2.2 课程规范

2.2.1 职业基本素质培训课程规范

模块	课程	学习单元	课程内容	培训建议	课堂学时
1. 保洁员职业概况	1-1 职业认知	职业认知	1) 保洁员的职业定义 2) 保洁员的工作内容 3) 保洁员的职业特点	(1) 方法：讲授法 (2) 重点与难点：保洁员工作内容	1

续表

模块	课程	学习单元	课程内容	培训建议	课堂学时
1. 保洁员职业概况	1-2 职业道德	职业道德	1）道德的内涵 2）职业道德 3）工匠精神的内涵 4）社会主义核心价值观 5）职业道德与个人发展 6）职业道德与企业发展	（1）方法：讲授法、案例教学法 （2）重点与难点：职业道德与个人发展	1
	1-3 职业守则	职业守则	1）遵守法律、法规和有关规定 2）爱岗敬业，忠于职守，自觉履行各项职责 3）工作认真负责，严于律己 4）积极进取，团结协作，保证服务质量 5）热情友善，言行得体，讲究仪容仪表，注重文明礼貌 6）注重安全环保、以人为本	（1）方法：讲授法、案例教学法 （2）重点与难点：职业守则	1
	1-4 职业礼仪	职业礼仪	1）形象要求 ①发型要求 ②妆容要求 ③工服的穿戴 2）行为要求 ①身体姿态 ②手势 ③表情 3）文明用语要求 ①中文常用语 ②英文常用语	（1）方法：讲授法、演示法 （2）重点与难点：职业礼仪	1
2. 保洁的社会价值	2-1 保洁行业发展历程与趋势	保洁行业发展历程与趋势	1）保洁行业发展历程 ①萌芽期 ②缓慢发展期 ③高速发展期 ④专业转型期 2）保洁行业发展趋势 ①职业化发展趋势 ②专业化发展趋势 ③智能化发展趋势	（1）方法：讲授法、案例教学法 （2）重点与难点：保洁行业发展趋势	1

续表

模块	课程	学习单元	课程内容	培训建议	课堂学时
2. 保洁的社会价值	2-2 保洁对象及场所	保洁对象及场所	1）保洁对象 ①保洁对象 ②保洁服务对象 2）保洁场所 ①保洁场所的特点 ②不同场所的保洁要求	（1）方法：讲授法、案例教学法 （2）重点与难点：不同场所的保洁要求	1
	2-3 保洁任务及效应	保洁任务及效应	1）保洁任务 ①保持环境、设施的洁净 ②保护设施不受侵蚀 ③延长设施的使用寿命 2）保洁效应 ①环境优雅 ②环境节能 ③保值增值 ④安全保障	（1）方法：讲授法、案例教学法 （2）重点与难点：保洁任务	1
3. 常见材质的保洁基本知识	3-1 玻璃材质的保洁	玻璃材质的保洁	1）玻璃的分类 2）玻璃材质的应用场景 ①玻璃幕墙 ②玻璃门窗 ③玻璃隔断 ④玻璃器皿 3）玻璃材质保洁的注意事项 ①玻璃材质清洁的注意事项 ②玻璃材质保养的注意事项	（1）方法：讲授法、演示法、案例教学法 （2）重点与难点：玻璃材质保洁的注意事项	1
	3-2 木质材质的保洁	木质材质的保洁	1）木质的分类 ①按木材来源分类 ②按加工工艺分类 2）木质地板的铺装工艺 3）木质地板清洁保养注意事项	（1）方法：讲授法、演示法、案例教学法 （2）重点与难点：木质地板清洁保养注意事项	1
	3-3 金属材质的保洁	金属材质的保洁	（1）金属制品的种类 ①不锈钢制品 ②铝合金制品 ③铝塑制品 ④金属镀件 ⑤铁艺制品	（1）方法：讲授法、演示法、案例教学法 （2）重点与难点：金属制品清洁保养注意事项	1

续表

模块	课程	学习单元	课程内容	培训建议	课堂学时
3.常见材质的保洁基本知识	3-3 金属材质的保洁		(2) 常用金属制品的应用和特性		
			(3) 金属制品清洁保养注意事项 ①金属制品清洁的注意事项 ②金属制品保养的注意事项		
	3-4 皮革材质的保洁	皮革材质的保洁	1) 皮革的分类 ①真皮 ②再生皮 ③人造革	(1) 方法：讲授法、演示法、案例教学法 (2) 重点与难点：皮革保洁的注意事项	1
			2) 皮革材质的应用场景 ①家具 ②墙面		
			3) 皮革保洁的注意事项 ①皮革清洁的注意事项 ②皮革保养的注意事项		
	3-5 石材材质的保洁	石材材质的保洁	1) 石材的种类 ①按地质成因分类 ②按商业销售分类 ③按矿物成分分类 ④按加工工艺分类 ⑤按来源分类	(1) 方法：讲授法、演示法、案例教学法 (2) 重点与难点：石材保洁的注意事项	1
			2) 常见石材的特性和应用场景 ①常见石材的特性 ②石材的应用		
			3) 石材保洁的注意事项 ①石材清洁的注意事项 ②石材保养的注意事项		
	3-6 弹性地材的保洁	弹性地材的保洁	1) 弹性地材的分类 ①橡胶地板 ②聚氯乙烯地板 ③亚麻地板	(1) 方法：讲授法、演示法、案例教学法 (2) 重点与难点：弹性地材保洁的注意事项	1
			2) 弹性地材的应用场景		
			3) 弹性地材保洁的注意事项 ①橡胶地板保洁的注意事项 ②聚氯乙烯地板保洁的注意事项 ③亚麻地板保洁的注意事项		

续表

模块	课程	学习单元	课程内容	培训建议	课堂学时
3. 常见材质的保洁基本知识	3-7 地毯的保洁	地毯的保洁	1）地毯的分类 ①羊毛地毯 ②尼龙地毯 ③真丝地毯 2）地毯的构造及铺装 3）地毯保洁的注意事项	（1）方法：讲授法、演示法、案例教学法 （2）重点与难点：地毯保洁的注意事项	1
	3-8 涂料表面的保洁	涂料表面的保洁	1）涂料的分类 ①漆 ②油 ③蜡 2）涂料的涂装工艺 3）涂料表面保洁的注意事项	（1）方法：讲授法、演示法、案例教学法 （2）重点与难点：涂料表面保洁的注意事项	1
	3-9 水泥材质的保洁	水泥地面的保洁	1）水泥的形成及特性 2）水泥地面保洁的注意事项	（1）方法：讲授法、演示法、案例教学法 （2）重点与难点：水泥地面保洁的注意事项	1
4. 污垢清除	4-1 污垢概述	污垢概述	1）污垢的定义 2）污垢的分级 ①灰尘 ②污渍 ③污垢 3）污垢的种类	（1）方法：讲授法、案例教学法 （2）重点与难点：污垢的种类	1
	4-2 污垢的清除方法	污垢的清除方法	1）物理除污 2）化学除污 ①常用清洁剂 ②常用养护剂 3）生物除污	（1）方法：讲授法、案例教学法 （2）重点：物理除污 （3）难点：化学除污	2
5. 保洁工具与设备	5-1 常用保洁工具	常用保洁工具	1）保洁工具的名称 ①立面清洁工具 ②地面清洁工具 ③其他清洁工具 2）保洁工具的构造 3）保洁工具的用途	（1）方法：讲授法、演示法、案例教学法 （2）重点与难点：保洁工具的用途	2

续表

模块	课程	学习单元	课程内容	培训建议	课堂学时
5．保洁工具与设备	5-2 常用保洁设备	常用保洁设备	1）保洁设备的名称 ①单擦机 ②洗地机 ③吸尘器 ④尘推车 ⑤吸水机 2）保洁设备的构造 3）保洁设备的用途	（1）方法：讲授法、演示法、案例教学法 （2）重点与难点：保洁设备的用途	2
6．职业健康与安全	6-1 安全防护认知	安全防护认知	1）安全防护的定义 2）安全防护的意义 ①对环境及他人的防护意义 ②对自身的防护意义	（1）方法：讲授法、案例教学法 （2）重点与难点：安全防护的意义	1
	6-2 安全防护知识	安全防护知识	1）用电的安全防护 2）攀高的安全防护 3）使用清洁剂的安全防护 4）清洁环境不安全因素的防护	（1）方法：讲授法、演示法、案例教学法 （2）重点与难点：清洁环境不安全因素的防护	1
	6-3 高空作业安全操作	高空作业安全操作	1）人员要求 2）地面安全防护措施 3）作业现场安全防护措施 4）高空作业安全防护用具的使用常识 5）高空吊板作业注意事项	（1）方法：讲授法、演示法、案例教学法 （2）重点与难点：高空作业安全防护用具的使用常识	1
	6-4 安全防火知识	安全防火知识	1）火灾的预防 ①火灾发生的条件 ②常见可燃物 2）火情的处理方法 ①报告火情 ②灭火 ③逃生 3）灭火的方法 ①冷却灭火法 ②窒息灭火法 ③隔离灭火法 ④化学抑制灭火法 4）常用灭火器材的使用 ①灭火器 ②灭火毯	（1）方法：讲授法、演示法、案例教学法 （2）重点与难点：常用灭火器材的使用	1

续表

模块	课程	学习单元	课程内容	培训建议	课堂学时
6．职业健康与安全	6-5 急救知识	（1）检查	1）急救准备的必要性 2）环境检查 3）伤情检查	（1）方法：讲授法、演示法、案例教学法 （2）重点与难点：环境检查	1
		（2）急救方法	1）电击救护 2）皮外伤救护 3）摔伤、扭伤救护 4）心肺复苏	（1）方法：讲授法、演示法、案例教学法 （2）重点：摔伤、扭伤救护 （3）难点：心肺复苏	1
7．保洁服务质量管理	7-1 二次污染防治	二次污染防治	1）二次污染的定义 2）二次污染的防范措施	（1）方法：讲授法、演示法、案例教学法 （2）重点与难点：二次污染的防范措施	1
	7-2 质量管理的知识	全面质量管理	1）全面质量管理的定义 2）PDCA质量改进循环法 3）服务质量管理的基本方法 4）质量管理制度	（1）方法：讲授法、演示法、案例教学法 （2）重点与难点：PDCA质量改进循环法	2
	7-3 清洁保养质量标准与检查	清洁保养质量标准与检查	1）常见检查点清洁质量标准 2）清洁质量检查方法 ①直观观察 ②物理接触（如手摸、软布擦拭等） ③荧光检测	（1）方法：讲授法、演示法、案例教学法 （2）重点与难点：清洁质量检查方法	1
8．相关法律、法规知识	8-1 相关法律知识	相关法律知识	1）《中华人民共和国劳动合同法》相关知识 2）《中华人民共和国劳动法》相关知识 3）《中华人民共和国道路交通安全法》相关知识 4）《中华人民共和国治安管理处罚法》相关知识	（1）方法：讲授法、案例教学法 （2）重点：《中华人民共和国道路交通安全法》相关知识 （3）难点：《中华人民共和国治安管理处罚法》相关知识	1

模块	课程	学习单元	课程内容	培训建议	课堂学时
8. 相关法律、法规知识	8-2 相关法规知识	相关法规知识	1)《城市市容和环境卫生管理条例》相关知识 2)《突发公共卫生事件应急条例》相关知识	(1) 方法：讲授法、案例教学法 (2) 重点与难点：《突发公共卫生事件应急条例》相关知识	1
课堂学时合计					35

2.2.2 五级/初级职业技能培训课程规范

模块	课程	学习单元	课程内容	培训建议	课堂学时
1. 室内除尘	1-1 表面除尘	(1) 擦拭工具准备	1) 分析被擦拭物体的材质 2) 分析工作环境 ①工作场所 ②安全隐患 3) 选择工具 ①保洁工具 ②清洁剂 ③防护用具	(1) 方法：讲授法、演示法 (2) 重点与难点：分辨被擦拭物体的材质以及常用的擦拭方式	1
		(2) 家具擦拭	1) 家具的种类 ①办公柜 ②衣柜 ③皮质沙发 2) 家具擦拭的方法 3) 家具擦拭的注意事项	(1) 方法：讲授法、演示法 (2) 重点与难点：皮质沙发的擦拭方法及注意事项	1
		(3) 门窗擦拭	1) 门窗的类型 2) 观察门窗的状态及安全隐患 3) 门窗的擦拭方法及注意事项	(1) 方法：讲授法、演示法 (2) 重点与难点：门窗的擦拭方法及注意事项	1
		(4) 玻璃刮擦	1) 使用铲刀去除顽固污渍的注意事项 2) 使用上水器润湿并去除表面污渍的注意事项 ①清洁液的蘸取 ②清洁液的涂抹	(1) 方法：讲授法、演示法 (2) 重点：玻璃刮擦的步骤 (3) 难点：使用刮刀去除污水	1

续表

模块	课程	学习单元	课程内容	培训建议	课堂学时
1. 室内除尘	1-1 表面除尘		3）使用刮刀去除污水		
			4）玻璃刮擦的步骤及注意事项		
		（5）电梯擦拭	1）电梯的运行状态及安全隐患	（1）方法：讲授法、演示法 （2）重点与难点：电梯擦拭的方法及步骤	2
			2）电梯保洁的主要工作内容 ①电梯门 ②轿厢内壁 ③轿门内槽 ④轿厢地面		
			3）电梯擦拭的方法及注意事项 ①擦拭方法及步骤 ②擦拭注意事项		
	1-2 地面除尘	（1）地面除尘工具准备	1）分析地面材质	（1）方法：讲授法、演示法 （2）重点与难点：选择工具	1
			2）分析工作环境 ①工作场所 ②安全隐患		
			3）选择工具 ①地面除尘工具 ②清洁剂 ③防护用具		
		（2）室内地面清扫	1）分析地面、楼梯情况及安全隐患	（1）方法：讲授法、演示法 （2）重点：地面、楼梯的清扫步骤及注意事项 （3）难点：地面、楼梯的清扫方法	1
			2）地面、楼梯的清扫方法 ①按扫 ②弹扫 ③浮扫 ④推扫		
			3）地面、楼梯的清扫步骤及注意事项		
		（3）地面刮擦	1）推水器的组装及拆卸	（1）方法：讲授法、演示法 （2）重点与难点：地面刮擦的方法	1
			2）地面刮擦的方法		
			3）推水器与其他工具的配合使用 ①干拖把 ②吸水机		

续表

模块	课程	学习单元	课程内容	培训建议	课堂学时
1. 室内除尘	1-2 地面除尘	（4）尘推的保养	1）尘推的构造 2）尘推的组装及拆卸 3）喷涂静电除尘剂 4）尘推的清洁整理	（1）方法：讲授法、演示法 （2）重点与难点：尘推的组装及拆卸	1
		（5）尘推的使用	1）手拿尘推的行走方式 2）尘推的使用方法 3）地面推尘的注意事项	（1）方法：讲授法、演示法 （2）重点与难点：尘推的使用方法及注意事项	1
		（6）拖把的使用	1）拖擦的方法 ①干拖 ②水拖 ③清洁液拖擦 2）拖擦的注意事项 ①手拿拖把的行走方式 ②作业时的握姿 ③作业线路	（1）方法：讲授法、演示法 （2）重点与难点：拖擦的方法及注意事项	1
	1-3 吸尘器的使用	（1）吸尘器的养护	1）吸尘器的种类及工作原理 ①直立式吸尘器 ②圆筒式吸尘器 ③肩背式吸尘器 2）吸尘器的拆装 ①清洁刷及吸嘴 ②储尘筒（箱） ③扒头 3）吸尘器的整理 ①清洁 ②养护	（1）方法：讲授法、演示法 （2）重点与难点：吸尘器的拆装	1
		（2）使用吸尘器吸尘	1）清除家具上的灰尘 2）清除地面尘土 ①地板表面吸尘 ②地毯表面吸尘 3）使用吸尘器的注意事项 ①吸尘器的移动 ②作业前的检查 ③吸力的调节 ④工作中的状态	（1）方法：讲授法、演示法 （2）重点与难点：使用吸尘器的注意事项	1

续表

模块	课程	学习单元	课程内容	培训建议	课堂学时
1. 室内除尘	1-3 吸尘器的使用	（3）吸尘器简单故障的排除	1）常见简单故障的种类 ①电动机温度过高 ②有异响 ③不吸尘 2）常见简单故障的处理方法	（1）方法：讲授法、演示法 （2）重点与难点：常见简单故障的处理方法	1
2. 室外除尘	2-1 室外除尘准备	室外除尘工具的准备	1）分析工作任务 2）分析工作环境 ①行人 ②车辆 ③路面环境 ④窨井盖的异常情况 3）选择工具 ①除尘工具 ②清洁剂 ③防护用具	（1）方法：讲授法、演示法 （2）重点与难点：选择工具	1
	2-2 城市道路清扫	城市道路清扫	1）清洁作业车在城市道路通行的安全注意事项 ①工具的装载 ②同向行驶的安全注意事项 ③交汇时的安全注意事项 ④停车作业时的安全注意事项 2）路面清扫 ①人行道 ②路牙、墙根 ③树坑 3）垃圾捡拾 4）垃圾装车	（1）方法：讲授法、演示法 （2）重点与难点：清洁作业车在城市道路通行的安全注意事项	1
	2-3 城市家具除尘	城市家具除尘	1）城市家具的种类 ①信息设施 ②卫生设施 ③娱乐服务设施 ④交通设施 ⑤艺术景观设施	（1）方法：讲授法、演示法 （2）重点与难点：城市家具除尘的注意事项	1

续表

模块	课程	学习单元	课程内容	培训建议	课堂学时
2. 室外除尘	2-3 城市家具除尘		2) 城市家具除尘的注意事项 ①城市家具的安全注意事项 ②使用者的安全注意事项 ③自身的安全注意事项		
3. 消毒	3-1 消毒准备	(1) 消毒工具	1) 消毒工具的种类 2) 消毒剂容器 3) 擦拭工具 4) 防护用品	(1) 方法：讲授法、演示法 (2) 重点与难点：防护用品	1
		(2) 常用消毒剂的种类	1) 常用消毒剂的种类 2) 消毒剂的保存 3) 消毒剂存放的注意事项	(1) 方法：讲授法、演示法 (2) 重点与难点：消毒剂存放的注意事项	1
		(3) 消毒剂的配制	1) 消毒剂的配制 2) 消毒剂使用的注意事项	(1) 方法：讲授法、演示法 (2) 重点与难点：消毒剂使用的注意事项	1
		(4) 人员防护	1) 消毒剂造成伤害的方式 2) 消毒剂造成伤害的防护措施 ①接触伤害防护 ②飞溅伤害防护 ③吸入性伤害防护 3) 感染风险防护	(1) 方法：讲授法、演示法 (2) 重点与难点：消毒剂造成伤害的防护措施	1
		(5) 应急处置	1) 接触消毒剂的应急处置 2) 感染区域暴露风险的应急处置	(1) 方法：讲授法、演示法 (2) 重点与难点：感染区域暴露风险的应急处置	1
	3-2 擦拭法消毒	运用擦拭法对物体表面进行消毒	1) 擦拭法消毒的优点及应用场景 ①室内 ②室外 ③卫生间洁具	(1) 方法：讲授法、演示法 (2) 重点与难点：擦拭法消毒的注意事项	1

续表

模块	课程	学习单元	课程内容	培训建议	课堂学时
3. 消毒	3-2 擦拭法消毒		2）擦拭法消毒的操作方式		
			3）擦拭法消毒的注意事项 ①物体表面材质 ②消毒原则 ③消毒工具及消毒剂的摆放		
	3-3 喷洒法消毒	运用喷洒法对器物及空间进行消毒	1）喷洒法消毒的优点	（1）方法：讲授法、演示法 （2）重点与难点：喷洒法消毒的注意事项	1
			2）喷洒法消毒的应用场景 ①垃圾桶 ②清洁作业工具 ③垃圾房		
			3）喷洒法消毒的注意事项		
	3-4 消毒工具的整理	消毒工具的整理	1）消毒工具消毒	（1）方法：讲授法、演示法 （2）重点与难点：消毒工具消毒	1
			2）消毒工具清洗		
			3）剩余消毒剂处置		
4. 垃圾清运	4-1 垃圾分类	垃圾分类	1）垃圾的分类标准（按当地政府规定）	（1）方法：讲授法、演示法 （2）重点与难点：垃圾的分类标准	2
			2）不同垃圾的处理方式		
			3）垃圾分类标志		
	4-2 垃圾收集	垃圾桶内垃圾清运	1）垃圾桶的种类	（1）方法：讲授法、演示法 （2）重点与难点：开启垃圾桶并收集内部垃圾	1
			2）开启垃圾桶并收集内部垃圾		
			3）安装垃圾桶内胆并套取垃圾袋		
	4-3 垃圾转运	垃圾转运	1）使用平板推车转运垃圾	（1）方法：讲授法、演示法 （2）重点与难点：垃圾转运的安全防护和注意事项	1
			2）使用环卫收集车转运垃圾		
			3）垃圾转运的安全防护和注意事项		
课堂学时合计					30

2.2.3 四级/中级职业技能培训课程规范

模块	课程	学习单元	课程内容	培训建议	课堂学时
1. 除污	1-1 除污准备	擦拭工具准备	1）分析工作任务 ①去除水垢 ②去除锈垢 ③去除油垢 ④去除建筑施工残留污垢 2）分析工作环境 3）选择工具 ①保洁工具 ②清洁剂 ③防护用具	（1）方法：讲授法、演示法 （2）重点：工作任务分析 （3）难点：选择工具	1
	1-2 室内污垢清除	（1）水垢清除	1）清除水垢的方法 ①拖擦法 ②浸泡法 2）清除水垢的具体操作步骤 3）清除水垢的注意事项	（1）方法：讲授法、演示法 （2）重点与难点：清除水垢的方法	1
		（2）锈垢清除	1）清除锈垢的方法 2）清除锈垢的具体步骤 3）清除锈垢的注意事项	（1）方法：讲授法、演示法 （2）重点与难点：清除锈垢的注意事项	1
		（3）油垢清除	1）去除油垢的方法 ①清洗法 ②擦拭法 ③铲除法 2）清除油垢的具体步骤 3）清除油垢的注意事项	（1）方法：讲授法、演示法 （2）重点与难点：清除油垢的注意事项	1
	1-3 建筑施工残留污垢清除	（1）装饰胶污垢、油漆污垢的清除	1）清除装饰胶污垢的方法 2）清除油漆污垢的方法	（1）方法：讲授法、演示法 （2）重点与难点：清除装饰胶污垢的方法	1

续表

模块	课程	学习单元	课程内容	培训建议	课堂学时
1. 除污	1-3 建筑施工残留污垢清除		3）清除装饰胶污垢、油漆污垢的具体操作		
		（2）水泥污垢清除	1）清除水泥污垢的方法 ①清水冲洗法 ②酸性清洁剂浸泡法	（1）方法：讲授法、演示法 （2）重点与难点：清除水泥污垢的注意事项	1
			2）清除水泥污垢的具体操作 ①清除水泥污垢的步骤 ②清除水泥污垢的注意事项		
	1-4 墙面清洗	（1）墙面材质识别	1）常见的墙面材质 ①玻璃 ②石材 ③铝塑板 ④壁纸 ⑤涂料 ⑥彩钢板	（1）方法：讲授法、参观法 （2）重点与难点：不同材质墙面清洁的注意事项	1
			2）不同材质墙面清洁的注意事项		
		（2）低位墙面清洗	1）低位墙面的清洗方法 ①伸缩杆的使用 ②人字梯的使用	（1）方法：讲授法、参观法 （2）重点与难点：伸缩杆的使用	1
			2）低位墙面的清洗步骤		
		（3）高位墙面清洗	1）高位墙面的清洗方法 ①吊篮的使用 ②吊板的使用 ③脚手架的使用	（1）方法：讲授法、演示法 （2）重点与难点：高位墙面的清洗方法	1
			2）高位墙面清洗的安全注意事项 ①安全防护工具 ②监护人员		
2. 养护	2-1 金属物品养护	（1）不锈钢材质的养护	1）不锈钢材质的养护剂 ①光亮剂 ②新型养护剂	（1）方法：讲授法、讨论法	1

续表

模块	课程	学习单元	课程内容	培训建议	课堂学时
2. 养护	2-1 金属物品养护		2) 不锈钢材质养护的方法	（2）重点与难点：不锈钢材质养护的注意事项	
			3) 不锈钢材质养护的注意事项		
		（2）铜器的养护	1) 铜器养护剂	（1）方法：讲授法、讨论法 （2）重点与难点：铜器养护的注意事项	1
			2) 铜器养护的步骤		
			3) 铜器养护的注意事项		
	2-2 木器养护	木器的养护	1) 木器养护剂 ①碧丽珠 ②木器养护蜡	（1）方法：讲授法、讨论法 （2）重点与难点：木器养护的注意事项	1
			2) 木器养护的步骤		
			3) 木器养护的注意事项		
3. 地面清洗	3-1 洗地准备	（1）自动洗地机的养护	1) 自动洗地机的工作原理	（1）方法：讲授法、演示法 （2）重点：自动洗地机附件的拆装 （3）难点：自动洗地机的常见故障及处理方法	1
			2) 自动洗地机附件的拆装 ①清洗垫 ②清洗刷 ③内球浮阀 ④其他附件		
			3) 自动洗地机的清洁		
			4) 自动洗地机的常见故障及处理方法		
		（2）单擦机的养护	1) 单擦机的工作原理	（1）方法：讲授法、演示法 （2）重点：单擦机附件的拆装 （3）难点：单擦机的常见故障及处理方法	1
			2) 单擦机附件的拆装 ①清洗垫驱动器 ②清洗刷 ③其他附件		
			3) 单擦机的清洁		
			4) 单擦机的常见故障及处理方法		
		（3）吸水机的养护	1) 吸水机的工作原理	（1）方法：讲授法、演示法 （2）重点与难点：吸水机的常见故障及处理方法	1
			2) 吸水机附件的拆装 ①滤尘装置 ②吸水浮球装置		

续表

模块	课程	学习单元	课程内容	培训建议	课堂学时
3. 地面清洗	3-1 洗地准备		3）吸水机的清洁		
			4）吸水机的常见故障及处理方法		
	3-2 地面清洗操作	地面清洗设备的使用	1）地面清洗工作场景的布置	（1）方法：讲授法、演示法 （2）重点与难点：地面清洗设备的具体操作	1
			2）地面清洗设备的具体操作 ①自动洗地机的具体操作 ②单擦机的具体操作 ③吸水机的具体操作		
4. 公共卫生间服务	4-1 如厕服务	（1）厕内各种设施的使用知识	1）厕具的使用知识 ①坐便器 ②蹲便器 ③小便器	（1）方法：讲授法、观摩法、实训（练习）法 （2）重点与难点：红外感应器的使用知识	1
			2）厕内其他设施的使用知识 ①红外感应器 ②干手器 ③婴儿台 ④婴儿椅		
		（2）提供如厕服务	1）如厕服务对象的特征 ①老人的特征 ②孕妇的特征 ③儿童的特征 ④残疾人的特征	（1）方法：讲授法、观摩法、实训（练习）法 （2）重点与难点：如厕服务的具体操作	1
			2）如厕服务的具体操作 ①如厕服务的操作步骤 ②如厕服务的日常用语		
	4-2 公共卫生间日常管理	公共卫生间的日常管理	1）识读水、电表数	（1）方法：讲授法、演示法 （2）重点与难点：日常管理质量评价	1
			2）日常管理质量评价		
			3）交换班记录的填写		
	4-3 公共卫生间突发情况应对	（1）公共卫生间设备异常的应对	1）简单维修工具的使用	（1）方法：讲授法、演示法 （2）重点与难点：设备异常的应对	1
			2）上水管跑水的应急处理		
			3）照明故障的应急处理		

续表

模块	课程	学习单元	课程内容	培训建议	课堂学时
4．公共卫生间服务	4-3 公共卫生间突发情况应对	（2）异常突发情况的应对	1）火情的处置与报警 2）匪情的处置与报警 3）如厕人员突然发病的报警与处置	（1）方法：讲授法、演示法 （2）重点与难点：如厕人员突然发病的报警与处置	1
5．有害生物灭杀	5-1 有害生物灭杀工作的实施	（1）蟑螂灭杀	1）蟑螂的危害 2）蟑螂的生态习性 ① 活动习性 ② 虫情调研 3）蟑螂的防控方法 ① 饵胶灭杀 ② 粉剂灭杀 ③ 烟雾灭杀 4）蟑螂尸体的处理	（1）方法：讲授法、演示法 （2）重点与难点：蟑螂的防控方法	1
		（2）蚂蚁灭杀	1）蚂蚁的危害 2）蚂蚁的生态习性 ① 蚂蚁的种类 ② 蚂蚁的活动习性 3）蚂蚁的防控方法 ① 化学防治 ② 物理防治 ③ 生物防治	（1）方法：讲授法、演示法 （2）重点与难点：蚂蚁的防控方法	1
		（3）蚊子灭杀	1）蚊子的危害 2）蚊子的生态习性 ① 中华按蚊 ② 淡色库蚊 ③ 白纹伊蚊 3）蚊子的防控方法 ① 环境治理 ② 化学防治 ③ 物理防治	（1）方法：讲授法、演示法 （2）重点与难点：蚊子的防控方法	1
		（4）苍蝇灭杀	1）苍蝇的危害 2）苍蝇的生态习性 ① 家蝇 ② 大头金蝇 ③ 丝光绿蝇	（1）方法：讲授法、演示法 （2）重点与难点：苍蝇的防控方法	1

续表

模块	课程	学习单元	课程内容	培训建议	课堂学时
5．有害生物灭杀	5-1 有害生物灭杀工作的实施		3）苍蝇的防控方法 ① 环境治理 ② 化学防治 ③ 物理防治		
			4）苍蝇尸体的处理		
		（5）老鼠灭杀	1）老鼠的危害	（1）方法：讲授法、演示法 （2）重点与难点：老鼠的防控方法	1
			2）老鼠的生态习性 ① 褐家鼠 ② 小家鼠		
			3）老鼠的防控方法 ① 环境治理 ② 化学防治 ③ 物理防治		
			4）老鼠尸体的处理		
	5-2 有害生物灭杀的安全措施和防控	（1）告示、明示的撰写	1）虫控方案的内容	（1）方法：讲授法、演示法 （2）重点与难点：告示、明示的撰写格式	1
			2）告示、明示的撰写格式		
			3）告示、明示的张贴形式		
		（2）操作人员的安全防护	1）使用除害剂的危害与风险	（1）方法：讲授法、演示法、实训（练习）法 （2）重点与难点：安全防护用具的佩戴方法	1
			2）其他安全及健康危害 ① 感染传染病 ② 咬伤、叮伤、刺伤 ③ 滑倒、摔伤、扭伤		
			3）安全防护用具的种类及作用		
			4）安全防护用具的佩戴方法		
		（3）中毒的应急处置	1）除害剂中毒方式 ① 皮肤接触 ② 吞食 ③ 吸入	（1）方法：讲授法、演示法、实训（练习）法 （2）重点与难点：急救处置	1
			2）除害剂中毒症状		
			3）急救处置		

续表

模块	课程	学习单元	课程内容	培训建议	课堂学时
5. 有害生物灭杀	5-2 有害生物灭杀的安全措施和防控	（4）火警及爆炸风险	1）起火、爆炸的原因 ①可燃物 ②温度／火源 ③氧化剂 2）报警 3）火情初期的扑救 ①灭火器的使用 ②灭火毯的使用 4）自救及逃生 ①自救 ②逃生	（1）方法：讲授法、演示法、实训（练习）法 （2）重点：灭火器的使用 （3）难点：起火、爆炸的原因	1
课堂学时合计					30

2.2.4 三级／高级职业技能培训课程规范

模块	课程	学习单元	课程内容	培训建议	课堂学时
1. 地毯保洁	1-1 地毯保洁的基础知识	（1）地毯的物理特性	1）地毯按材质分类 2）地毯按成品形态分类 3）地毯按编织方法分类 4）地毯按编织工艺分类	（1）方法：讲授法、实物示教法 （2）重点与难点：地毯按材质及编织工艺分类	1
		（2）地毯的结构特性	1）面层 2）承托层 3）副承托层 4）衬垫层	（1）方法：讲授法、实物示教法 （2）重点与难点：地毯的结构特性	1
		（3）污渍类型的判断方法	1）地毯污渍的形成原理 2）污渍种类的判断方法 ①固体污渍 ②液体污渍 ③半流体污渍	（1）方法：讲授法、实物示教法 （2）重点与难点：污渍种类的判断方法	1
		（4）清洁剂、清洗工具和清洗设备的准备	1）常用地毯清洁剂 ①高泡清洁剂 ②低泡清洁剂 ③地毯消泡剂 ④地毯去渍剂	（1）方法：讲授法、实物示教法、演示法 （2）重点与难点：常用地毯清洁剂	1

续表

模块	课程	学习单元	课程内容	培训建议	课堂学时
1. 地毯保洁		1-1 地毯保洁的基础知识	2）常用地毯清洗工具		
			3）常用地毯清洗设备		
			4）工作现场布置要求及注意事项		
	1-2 地毯清洗	（1）地毯去渍操作	1）地毯局部除污的适用范围	（1）方法：讲授法、演示法、实训（练习）法 （2）重点与难点：地毯局部除污的具体操作	1
			2）地毯局部除污的工作原理		
			3）地毯局部除污的具体操作 ①工作步骤 ②注意事项		
		（2）地毯泡沫清洗法	1）泡沫清洗法的种类和适用范围 ①高泡清洗法 ②湿洗清洗法	（1）方法：讲授法、演示法、实训（练习）法 （2）重点与难点：打泡机的使用	2
			2）泡沫清洗法的工作原理		
			3）泡沫清洗法使用的设备 ①打泡机 ②单擦机		
			4）泡沫清洗法的具体操作		
		（3）地毯抽洗清洗法	1）抽洗清洗法的适用范围	（1）方法：讲授法、演示法、实训（练习）法 （2）重点与难点：抽洗机的使用	1
			2）抽洗清洗法的清洁原理		
			3）抽洗机的使用		
			4）抽洗清洗法的具体操作		
		（4）地毯干洗法	1）干洗法的适用范围	（1）方法：讲授法、演示法、实训（练习）法 （2）重点与难点：干洗法的具体操作	1
			2）干洗法的清洁原理		
			3）干洗法使用的设备 ①干洗机 ②直立吸尘器		
			4）干洗法的具体操作		

续表

模块	课程	学习单元	课程内容	培训建议	课堂学时
1. 地毯保洁	1-3 地毯养护	地毯养护操作	1）养护工具、设备 ①圆筒式吸尘器 ②直立式吸尘器 2）地毯养护的具体操作 ①预防措施 ②养护周期 3）地毯养护质量标准	（1）方法：讲授法、演示法 （2）重点与难点：地毯养护的具体操作	1
2. 地面打蜡	2-1 打蜡准备	（1）蜡水的选择	1）地面材质的主要种类及特性 ①石材地坪 ②弹性地坪 ③木地板 2）蜡水的种类 ①高强度蜡水 ②高光防滑蜡水 ③金属铰链蜡水 ④弹性地板蜡水 ⑤木地板蜡水 ⑥家具蜡水	（1）方法：讲授法、观摩法 （2）重点与难点：地面材质的主要种类及特性	1
		（2）打蜡工具、设备和清洁剂的选择	1）打蜡使用的工具 ①作业工具 ②防护工具 ③警示工具 2）打蜡使用的设备 ①单擦机 ②吸水机 ③全自动洗地机 ④高速抛光机 3）打蜡使用的清洁剂 ①去蜡水 ②全能清洁剂 ③消泡剂	（1）方法：讲授法、实训（练习）法 （2）重点与难点：高速抛光机的使用	1
		（3）作业现场布置	1）现场隔离 ①划分区域 ②放置告示牌 2）设备调试	（1）方法：讲授法、实训（练习）法 （2）重点与难点：作业现场布置	1

续表

模块	课程	学习单元	课程内容	培训建议	课堂学时
2. 地面打蜡	2-1 打蜡准备		3）工装及防护 ①手套 ②防滑鞋套 ③帽子 ④眼镜 ⑤工装		
	2-2 地面起蜡与打蜡	（1）地面起蜡	1）地面起蜡的条件分析	（1）方法：讲授法、实训（练习）法 （2）重点与难点：地面起蜡的具体操作	2
			2）地面起蜡的具体操作 ①地面起蜡的流程 ②起蜡的注意事项		
		（2）地面打蜡	1）封底蜡和面蜡的作用	（1）方法：讲授法、实训（练习）法 （2）重点与难点：地面打蜡的流程	2
			2）地面打蜡的流程 ①打封底蜡 ②打面蜡		
			3）地面打蜡的注意事项		
	2-3 蜡面保养	蜡面的保养	1）蜡面推尘	（1）方法：讲授法、观摩法、实训（练习）法 （2）重点与难点：补蜡液的使用	2
			2）蜡面清洗		
			3）蜡面抛光 ①抛光机的使用 ②蜡面抛光的注意事项		
			4）蜡面补蜡 ①补蜡液的使用 ②补蜡的注意事项		
3. 晶面处理	3-1 晶面处理的基础知识	（1）晶面处理的原理和优点	1）晶面处理的原理	（1）方法：讲授法 （2）重点与难点：晶面处理的原理	1
			2）晶面处理的优点		
		（2）设备、工具准备	1）常用晶面处理设备的工作原理及注意事项 ①立式长柄圆盘机 ②手持变速抛光机	（1）方法：讲授法、演示法 （2）重点与难点：常用晶面处理工具的工作原理及注意事项	1
			2）常用晶面处理工具的工作原理及注意事项		

续表

模块	课程	学习单元	课程内容	培训建议	课堂学时
3．晶面处理	3-1 晶面处理的基础知识	（3）清洁剂准备	1）结晶粉的特点及适用对象 2）晶面处理剂的特点及适用对象 3）晶面磨光浆的特点及适用对象	（1）方法：讲授法、演示法 （2）重点与难点：清洁剂准备	1
		（4）作业现场布置	1）成品保护的范围 2）成品保护工作的内容和措施 3）成品保护管理的基本原则	（1）方法：讲授法、演示法、实训（练习）法 （2）重点与难点：成品保护工作的内容和措施	1
	3-2 晶面作业实施	（1）大理石拼花地面的晶面处理	1）大理石拼花地面晶面处理的方法 ①用大理石结晶粉 ②用晶面剂 2）大理石拼花地面晶面处理的流程	（1）方法：讲授法、演示法、实训（练习）法 （2）重点与难点：大理石拼花地面晶面处理的流程	2
		（2）瓷砖地面的晶面处理	1）瓷砖地面晶面处理的方法 2）瓷砖地面晶面处理的流程 ①初次研磨 ②再次研磨	（1）方法：讲授法、演示法、实训（练习）法 （2）重点与难点：瓷砖地面晶面处理的流程	2
		（3）花岗岩地面的晶面处理	1）花岗岩地面晶面处理的方法 2）花岗岩地面晶面处理的流程 ①初次研磨 ②再次研磨	（1）方法：讲授法、演示法、实训（练习）法 （2）重点与难点：花岗岩地面晶面处理的流程	2
	3-3 晶面的日常保养	（1）制订日常保养计划	1）保养计划的内容 2）大理石类保养计划的制订 3）花岗岩类保养计划的制订	（1）方法：讲授法、项目教学法 （2）重点与难点：保养计划的内容	2
		（2）实施日常保养	1）日常推尘 2）周期性研磨 ①定期研磨 ②局部研磨	（1）方法：讲授法、项目教学法 （2）重点与难点：周期性研磨	2

续表

模块	课程	学习单元	课程内容	培训建议	课堂学时
4．公共卫生间设施管理	4-1 免水冲公共卫生间日常管理	免水冲公共卫生间的日常管理	1）免水冲公共卫生间的种类及工作原理 ①打泡免水冲 ②发泡免水冲 ③木屑免水冲 2）发泡免水冲公共卫生间的日常管理步骤 ①日常清洁 ②发泡调节及添加 ③设施管理及维护 ④粪便清除	（1）方法：讲授法、观摩法 （2）重点与难点：粪便清除	1
	4-2 太阳能照明或供暖公共卫生间的日常管理	太阳能照明或供暖公共卫生间的日常管理	1）太阳能照明和供暖设备的构成 ①太阳能集成板 ②自动控制开关 ③发光器/供热器 ④保温储水箱 2）太阳能照明或供暖公共卫生间的工作原理 3）清洁太阳能照明和供暖设备 4）维修太阳能照明和供暖设备	（1）方法：讲授法、观摩法 （2）重点与难点：清洁太阳能照明和供暖设备	2
	4-3 水处理循环使用的环保公共卫生间日常管理	水处理循环使用的环保公共卫生间日常管理	1）水循环公共卫生间的工作原理 ①水处理工艺原理 ②水处理设施的电控系统 2）水处理设施的操作 ①启动 ②关闭 ③异常情况处理 3）水处理设施使用的注意事项	（1）方法：讲授法、观摩法 （2）重点与难点：水处理设施的操作	1
5．培训与指导	5-1 业务培训	（1）目标和任务的确定	1）培训目标 ①近期目标 ②远期目标 2）培训方针 ①围绕企业目标 ②兼顾员工发展 3）培训任务	（1）方法：项目教学法 （2）重点与难点：培训目标	1

续表

模块	课程	学习单元	课程内容	培训建议	课堂学时
5. 培训与指导	5-1 业务培训	（2）培训讲义的编写	1）培训基本要求 2）教学内容 3）培训讲义编写程序	（1）方法：项目教学法 （2）重点与难点：培训讲义编写程序	2
		（3）培训实施	1）教学材料 ①教具 ②挂图 ③演示文稿 2）培训方法 ①理论联系实际教学法 ②直观教学法 ③启发式教学法	（1）方法：项目教学法 （2）重点与难点：演示文稿的制作	2
		（4）培训考核	1）培训计划表 2）培训考核参考表 ①考核方法 ②考核形式 ③考核标准	（1）方法：实物示教法 （2）重点与难点：培训考核参考表	1
	5-2 操作指导	技能指导	1）技能的概念及形成过程 2）作业训练的要点 3）操作指导的方法 4）操作指导的步骤 5）操作指导实例	（1）方法：项目教学法 （2）重点与难点：操作指导的步骤	2
课堂学时合计					45

2.2.5 培训建议中的培训方法说明

1. 讲授法

讲授法指教师主要运用语言描述方式，系统地向学员传授知识、传播思想理念的一种教学方法，即教师通过叙述、描绘、解释、推论来传递信息、传授知识、阐明概念、论证定律和公式，引导学员获取知识，认识和分析问题。

2. 讨论法

讨论法指在教师的指导下，学员以班级或小组为单位，围绕学习单元的内容，对某一专题进行深入探讨，通过讨论或辩论活动，从而获得知识或巩固知识的一种教学方法，要求教师在讨论结束时，对讨论的主题做归纳性总结。

3. 实训（练习）法

实训（练习）法指在教师的指导下，依靠自觉地控制与校正、反复地完成一定动作或活动的方式，以形成技能、技巧或行为习惯的教学方法。实训（练习）法对于巩固知识，引导学员把知识应用于实际、发展能力以及形成道德品质等具有重要作用。

4. 参观法

参观法指教师组织或指导学员进行实地观察、调研、研究和学习，使学员获得新知识或巩固已学知识的教学方法。参观法可细分为准备性参观、并行性参观、总结性参观等。

5. 演示法

演示法指在教学过程中，教师通过示范操作和讲解，使学员获得知识、技能的教学方法。教学中，教师对操作内容进行现场演示，边操作边讲解，强调操作的关键步骤和注意事项，使学员边学边做，理论与技能并重，师生互动，提高学员的学习兴趣和学习效率。

6. 案例教学法

案例教学法指通过对案例进行分析，提出问题，分析问题，并找到解决问题的途径和手段，培养学员分析问题、解决问题能力的教学方法。

7. 项目教学法

项目教学法指以实际应用为目的，将理论知识与实际工作相结合，通过师生共同完成一个完整的项目工作，使学员获得知识和实践操作能力与解决实际问题能力的教学方法。它是以小组为学习单位，一般分为确定项目任务、计划、决策、实施、检查和评价6个步骤。强调学员在学习过程中的主体地位，以学员为中心，以学员学习为主、教师指导为辅，通过完成教学项目，激发学员的学习积极性，使学员既获得相关理论知识，又掌握实践技能和工作方法，提高学员解决实际问题的综合能力。

8. 实物示教法

实物示教法指教师通过实物的操作演示或对学员实物操作演示的评价，实现对学员技能操作步骤和要领掌握情况的检查、纠错、修正，并演示正确操作方法的一种教学方法。

9. 观摩法

观摩法指让学员通过现场观摩、观看视频等形式，学习、获取知识、技能的一种教学方法。

2.3 考核规范

2.3.1 职业基本素质培训考核规范

考核范围	考核比重（%）	考核内容	考核比重（%）	考核单元
1. 保洁员职业概况	8	1-1 职业认知	1	职业认知
		1-2 职业道德	2	职业道德
		1-3 职业守则	2	职业守则
		1-4 职业礼仪	3	职业礼仪
2. 保洁的社会价值	10	2-1 保洁行业发展历程与趋势	4	保洁行业发展历程与趋势
		2-2 保洁对象及场所	3	保洁对象及场所
		2-3 保洁任务及效应	3	保洁任务及效应
3. 常见材质保洁的基本知识	22	3-1 玻璃材质的保洁	2	玻璃材质的保洁
		3-2 木质材质的保洁	3	木质材质的保洁
		3-3 金属材质的保洁	3	金属材质的保洁
		3-4 皮革材质的保洁	2	皮革材质的保洁
		3-5 石材材质的保洁	3	石材材质的保洁
		3-6 弹性地材的保洁	2	弹性地材的保洁
		3-7 地毯的保洁	3	地毯的保洁
		3-8 涂料表面的保洁	2	涂料表面的保洁
		3-9 水泥材质的保洁	2	水泥地面的保洁
4. 污垢清除方法	10	4-1 污垢概述	5	污垢概述
		4-2 污垢的清除方法	5	污垢的清除方法
5. 保洁工具与设备	10	5-1 常用保洁工具	5	常用保洁工具
		5-2 常用保洁设备	5	常用保洁设备
6. 职业健康与安全	20	6-1 安全防护认知	4	安全防护认知
		6-2 安全防护知识	4	安全防护知识
		6-3 高空作业安全操作	4	高空作业安全准备

续表

考核范围	考核比重（%）	考核内容	考核比重（%）	考核单元
6．职业健康与安全		6-4 安全防火知识	4	安全防火知识检查
		6-5 急救知识	4	急救知识
7．保洁服务质量管理	10	7-1 二次污染防治	3	二次污染防治
		7-2 质量管理的知识	3	全面质量管理
		7-3 清洁保养质量标准与检查	4	清洁保养质量标准与检查
8．相关法律、法规知识	10	8-1 相关法律知识	5	相关法律知识
		8-2 相关法规知识	5	相关法规知识

2.3.2 五级／初级职业技能培训理论知识考核规范

考核范围	考核比重（%）	考核内容	考核比重（%）	考核单元
1．室内除尘	30	1-1 表面除尘	10	（1）擦拭工具准备
				（2）家具擦拭
				（3）门窗擦拭
				（4）玻璃刮擦
				（5）电梯擦拭
		1-2 地面除尘	10	（1）地面除尘工具准备
				（2）室内地面清扫
				（3）地面刮擦
				（4）尘推的保养
				（5）尘推的使用
				（6）拖把的使用
		1-3 吸尘器的使用	10	（1）吸尘器的养护
				（2）使用吸尘器吸尘
				（3）简单故障排除
2．室外除尘	20	2-1 室外除尘准备	5	室外除尘工具准备
		2-2 城市道路清扫	10	城市道路清扫
		2-3 城市家具除尘	5	城市家具除尘

续表

考核范围	考核比重（%）	考核内容		考核比重（%）	考核单元
3．消毒	30	3-1 消毒准备		10	(1) 消毒工具
					(2) 常用消毒剂的种类
					(3) 消毒剂的配制
					(4) 人员防护
					(5) 应急处置
		3-2 擦拭法消毒		5	擦拭法对物体表面消毒
		3-3 喷洒法消毒		5	喷洒法对器物及空间进行消毒
		3-4 消毒工具的整理		5	消毒工具整理
4．清运垃圾	20	4-1 垃圾分类		10	垃圾分类
		4-2 垃圾收集		5	垃圾桶内垃圾清运
		4-3 垃圾转运		5	垃圾转运

2.3.3 五级/初级职业技能培训操作技能考核规范

考核范围	考核比重（%）	考核内容		考核比重（%）	考核形式	选考方式	考核时间（min）	重要程度①
保洁员五级/初级	100	1-1 家具擦拭		10	实操	必考	10	Y
		1-2 玻璃刮拭		15	实操	必考	10	Z
		1-3 尘推的使用		25	实操	必考	10	Y
		1-4 拖把的使用		10	实操	必考	15	Y
		1-5 吸尘器的使用	使用吸尘器	5	实操	必考	10	Y
			吸尘器养护	5	实操	必考	10	Z
		1-6 擦拭法消毒		20	实操	必考	15	Y
		1-7 垃圾分类		10	实操	必考	10	Z

① 重要程度栏目用"X""Y""Z"标注，"X"表示核心要素，"Y"表示一般要素，"Z"表示辅助要素。

2.3.4 四级／中级职业技能培训理论知识考核规范

考核范围	考核比重（%）	考核内容	考核比重（%）	考核单元
1．除污	35	1-1 除污准备	5	擦拭工具准备
		1-2 室内污垢清除	10	（1）水垢清除
				（2）锈垢清除
				（3）油垢清除
		1-3 建筑施工残留污垢清除	10	（1）装饰胶污垢和油漆污垢清除
				（2）水泥污垢清除
		1-4 墙面清洗	10	（1）墙面材质识别
				（2）低位墙面清洗
				（3）高位墙面清洗
2．养护	15	2-1 金属物品养护	10	（1）不锈钢材质的养护
				（2）铜器的养护
		2-2 木器养护	5	木器的养护
3．地面清洗	10	3-1 洗地准备	5	（1）自动洗地机的养护
				（2）单擦机的养护
				（3）吸水机的养护
		3-2 地面清洗操作	5	地面清洗设备的使用
4．公共卫生间服务（选）	20	4-1 如厕服务	5	（1）公共卫生间内各种设施的使用知识
				（2）提供如厕服务
		4-2 公共卫生间日常管理	5	公共卫生间的日常管理
		4-3 公共卫生间突发情况应对	10	（1）设备异常的应对
				（2）突发情况的应对
5．有害生物灭杀	20	5-1 有害生物灭杀工作的实施	10	（1）蟑螂灭杀
				（2）蚂蚁灭杀
				（3）蚊子灭杀
				（4）苍蝇灭杀
				（5）老鼠灭杀
		5-2 有害生物灭杀的安全措施和防控	10	（1）告示、明示的撰写
				（2）操作人员的安全防护
				（3）中毒的应急处置
				（4）火警及爆炸风险

2.3.5 四级/中级职业技能培训操作技能考核规范

考核范围	考核比重（%）	考核内容		考核比重（%）	考核形式	选考方式	考核时间（min）	重要程度
保洁员四级/中级	100	1-1	锈垢清除	10	实操	必考	10	Z
		1-2	装饰胶污垢清除	10	实操	必考	10	Y
		1-3	铜器养护	20	实操	必考	15	Y
		1-4	单擦机的养护与使用	20	实操	必考	15	X
		1-5	公共卫生间突发情况应对（设备异常的应对）	20	实操	必考	20	X
		1-6	有害生物灭杀公告的撰写	20	实操	必考	20	Y

2.3.6 三级/高级职业技能培训理论知识考核规范

考核范围	考核比重（%）	考核内容		考核比重（%）	学习单元
1. 地毯保洁	20	1-1	地毯保洁的基础知识	5	（1）地毯的物理特性
					（2）地毯的结构特性
					（3）污渍类型的判断方法
					（4）清洁剂、清洗工具和清洗设备的准备
		1-2	地毯清洗	10	（1）地毯去渍操作
					（2）地毯泡沫清洗法
					（3）地毯抽洗清洗法
					（4）地毯干洗法
		1-3	地毯养护	5	地毯养护操作
2. 地面打蜡	20	2-1	打蜡准备	5	（1）蜡水的选择
					（2）打蜡工具、设备和清洁剂的选择
					（3）作业现场布置
		2-2	地面起蜡与打蜡	10	（1）地面起蜡
					（2）地面打蜡
		2-3	蜡面保养	5	蜡面的保养

考核范围	考核比重（%）	考核内容	考核比重（%）	学习单元
3．晶面处理	20	3-1 晶面作业准备	5	（1）理论准备
				（2）设备、工具准备
				（3）清洁剂准备
				（4）作业现场准备
		3-2 晶面作业实施	10	（1）大理石拼花地面的晶面处理
				（2）瓷砖地面的晶面处理
				（3）花岗岩地面的晶面处理
		3-3 晶面的日常保养	5	（1）制订日常保养计划
				（2）实施日常保养
4．公共卫生间设施管理	20	4-1 免水冲公共卫生间的日常管理	10	免水冲公共卫生间的日常管理
		4-2 太阳能照明或供暖公共卫生间的日常管理	5	太阳能照明或供暖公共卫生间的日常管理
		4-3 水处理循环使用的环保公共卫生间的日常管理	5	水处理循环使用的环保公共卫生间的日常管理
5．培训与指导	20	5-1 业务培训	10	（1）培训目标和任务的确定
				（2）培训讲义的编写
				（3）培训实施
				（4）培训考核
		5-2 操作指导	10	技能指导

2.3.7 三级/高级职业技能培训操作技能考核规范

考核范围	考核比重（%）	考核内容	考核比重（%）	考核形式	选考方式	考核时间（min）	重要程度
保洁员三级/高级	100	1-1 地毯清洗	20	实操	必考	30	Y
		1-2 地面起蜡	10	实操	必考	30	X
		1-3 地面打蜡	20	实操	必考	30	Y
		1-4 晶面处理（用磨光浆处理瓷砖地面）	20	实操	必考	30	X

续表

考核范围	考核比重（%）	考核内容		考核比重（%）	考核形式	选考方式	考核时间（min）	重要程度
保洁员三级/高级		1-5 培训	制订培训计划	10	笔试	必考（三选一）	提前完成	X
			编写培训讲义					
			制作多媒体课件					
			培训试讲	20	实操	必考	15	X

附录

培训要求与课程规范对照表

附录

附录1 职业基本素质培训要求与课程规范对照表

职业基本素质培训要求			职业基本素质培训课程规范			
职业基本素质模块（模块）	培训内容（课程）	培训细目	学习单元	课程内容	培训建议	课堂学时
1. 保洁员职业概况	1-1 职业认知	（1）保洁员职业简介 （2）保洁员职业特点	职业认知	1）保洁员的职业定义 2）保洁员的工作内容 3）保洁员的职业特点	（1）方法：讲授法 （2）重点与难点：保洁员的工作内容	1
	1-2 职业道德	保洁员的职业道德	职业道德	1）道德的内涵 2）职业道德 3）工匠精神的内涵 4）社会主义核心价值观 5）职业道德与个人发展 6）职业道德与企业发展	（1）方法：讲授法、案例教学法 （2）重点与难点：职业道德与个人发展	1
	1-3 职业守则	保洁员的职业守则	职业守则	1）遵守法律、法规和有关规定 2）爱岗敬业，忠于职守，自觉履行各项职责 3）工作认真负责，严于律己 4）积极进取，团结协作，保证服务质量 5）热情友善，言行得体，讲究仪容仪表，注重文明礼貌 6）注重安全环保、以人为本	（1）方法：讲授法、案例教学法 （2）重点与难点：职业守则	1
	1-4 职业礼仪	（1）保洁员形象要求 （2）保洁员行为礼仪要求 （3）保洁员文明用语要求	职业礼仪	1）形象要求 ①发型要求 ②妆容要求 ③工服的穿戴 2）行为要求 ①身体姿态 ②手势 ③表情 3）文明用语要求 ①中文常用语 ②英文常用语	（1）方法：讲授法、演示法 （2）重点与难点：职业礼仪	1
2. 保洁的社会价值	2-1 保洁行业发展历程与趋势	（1）保洁行业发展历程 （2）保洁行业发展趋势	保洁行业发展历程与趋势	1）保洁行业发展历程 ①萌芽期 ②缓慢发展期 ③高速发展期 ④专业转型期	（1）方法：讲授法、案例教学法	1

职业基本素质培训要求与课程规范对照表

续表

职业基本素质培训要求			职业基本素质培训课程规范			
职业基本素质模块（模块）	培训内容（课程）	培训细目	学习单元	课程内容	培训建议	课堂学时
2. 保洁的社会价值	2-1 保洁行业发展历程与趋势			2）保洁行业发展趋势 ①职业化发展趋势 ②专业化发展趋势 ③智能化发展趋势	（2）重点与难点：保洁行业发展趋势	
	2-2 保洁对象及场所	（1）保洁对象 （2）保洁场所	保洁对象及场所	1）保洁对象 ①保洁对象 ②保洁服务对象 2）保洁场所 ①保洁场所的特点 ②不同场所的保洁要求	（1）方法：讲授法、案例教学法 （2）重点与难点：不同场所的保洁要求	1
	2-3 保洁任务及效应	（1）保洁任务 （2）保洁效应	保洁任务及效应	1）保洁任务 ①保持环境、设施的洁净 ②保护设施不受侵蚀 ③延长设施的使用寿命 2）保洁效应 ①环境优雅 ②环境节能 ③保值增值 ④安全保障	（1）方法：讲授法、案例教学法 （2）重点与难点：保洁任务	1
3. 常见材质的保洁基本知识	3-1 玻璃材质的保洁	（1）玻璃的分类 （2）玻璃材质的应用场景 （3）玻璃材质保洁注意事项	玻璃材质的保洁	1）玻璃的分类 2）玻璃材质的应用场景 ①玻璃幕墙 ②玻璃门窗 ③玻璃隔断 ④玻璃器皿 3）玻璃材质保洁的注意事项 ①玻璃材质清洁的注意事项 ②玻璃材质保养的注意事项	（1）方法：讲授法、演示法、案例教学法 （2）重点与难点：玻璃材质保洁的注意事项	1
	3-2 木质材质的保洁	（1）木质的分类 （2）木质地板的铺装工艺 （3）木质地板清洁保养注意事项	木质材质的保洁	1）木质的分类 ①按木材来源分类 ②按加工工艺分类 2）木质地板的铺装工艺 3）木质地板清洁保养注意事项	（1）方法：讲授法、演示法、案例教学法 （2）重点与难点：木质地板清洁保养注意事项	1
	3-3 金属材质的保洁	（1）金属制品的种类 （2）常用金属制品的应用和特性	金属材质的保洁	(1) 金属制品的种类 ①不锈钢制品 ②铝合金制品 ③铝塑制品 ④金属镀件 ⑤铁艺制品	（1）方法：讲授法、演示法、案例教学法	1

续表

职业基本素质培训要求			职业基本素质培训课程规范			
职业基本素质模块（模块）	培训内容（课程）	培训细目	学习单元	课程内容	培训建议	课堂学时
3. 常见材质的保洁基本知识	3-3 金属材质的保洁	（3）金属制品清洁保养注意事项		（2）常用金属制品的应用和特性	（2）重点与难点：金属制品清洁保养的注意事项	
				（3）金属制品清洁保养注意事项 ①金属制品清洁的注意事项 ②金属制品保养的注意事项		
	3-4 皮革材质的保洁	（1）皮革的分类 （2）皮革材质的应用场景 （3）皮革保洁的注意事项	皮革材质的保洁	1）皮革的分类 ①真皮 ②再生皮 ③人造革	（1）方法：讲授法、演示法、案例教学法 （2）重点与难点：皮革保洁的注意事项	1
				2）皮革材质的应用场景 ①家具 ②墙面		
				3）皮革保洁的注意事项 ①皮革清洁的注意事项 ②皮革保养的注意事项		
	3-5 石材材质的保洁	（1）石材的种类 （2）常见石材的特性和应用场景 （3）石材保洁的注意事项	石材材质的保洁	1）石材的种类 ①按地质成因分类 ②按商业销售分类 ③按矿物成分分类 ④按加工工艺分类 ⑤按来源分类	（1）方法：讲授法、演示法、案例教学法 （2）重点与难点：石材保洁的注意事项	1
				2）常见石材的特性和应用场景 ①常见石材的特性 ②石材的应用		
				3）石材保洁的注意事项 ①石材清洁的注意事项 ②石材保养的注意事项		
	3-6 弹性地材的保洁	（1）弹性地材的分类 （2）弹性地材的应用场景 （3）弹性地材保洁的注意事项	弹性地材的保洁	1）弹性地材的分类 ①橡胶地板 ②聚氯乙烯地板 ③亚麻地板	（1）方法：讲授法、演示法、案例教学法 （2）重点与难点：弹性地材保洁的注意事项	1
				2）弹性地材的应用场景		
				3）弹性地材保洁的注意事项 ①橡胶地板保洁的注意事项 ②聚氯乙烯地板保洁的注意事项 ③亚麻地板保洁的注意事项		

职业基本素质培训要求与课程规范对照表

续表

职业基本素质培训要求			职业基本素质培训课程规范			
职业基本素质模块（模块）	培训内容（课程）	培训细目	学习单元	课程内容	培训建议	课堂学时
3．常见材质的保洁基本知识	3-7 地毯的保洁	（1）地毯的分类 （2）地毯的构造及铺装 （3）地毯保洁的注意事项	地毯的保洁	1）地毯的分类 ①羊毛地毯 ②尼龙地毯 ③真丝地毯 2）地毯的构造及铺装 3）地毯保洁的注意事项	（1）方法：讲授法、演示法、案例教学法 （2）重点与难点：地毯保洁的注意事项	1
	3-8 涂料表面的保洁	（1）涂料的分类 （2）涂料的涂装工艺 （3）涂料表面保洁的注意事项	涂料表面的保洁	1）涂料的分类 ①漆 ②油 ③蜡 2）涂料的涂装工艺 3）涂料表面保洁的注意事项	（1）方法：讲授法、演示法、案例教学法 （2）重点与难点：涂料表面保洁的注意事项	1
	3-9 水泥材质的保洁	（1）水泥的形成及特性 （2）水泥保洁的注意事项	水泥地面的保洁	1）水泥的形成及特性 2）水泥地面保洁的注意事项	（1）方法：讲授法、演示法、案例教学法 （2）重点与难点：水泥地面保洁的注意事项	1
4．污垢清除	4-1 污垢概述	（1）污垢的定义 （2）污垢的种类	污垢概述	1）污垢的定义 2）污垢的分级 ①灰尘 ②污渍 ③污垢 3）污垢的种类	（1）方法：讲授法、案例教学法 （2）重点与难点：污垢的种类	1
	4-2 污垢的清除方法	（1）物理除污 （2）化学除污 （3）生物除污	污垢的清除方法	1）物理除污 2）化学除污 ①常用清洁剂 ②常用养护剂 3）生物除污	（1）方法：讲授法、案例教学法 （2）重点：物理除污 （3）难点：化学除污	2
5．保洁工具与设备	5-1 常用保洁工具	（1）常用保洁工具的名称 （2）常用保洁工具的构造 （3）常用保洁工具的用途	常用保洁工具	1）保洁工具的名称 ①立面清洁工具 ②地面清洁工具 ③其他清洁工具 2）保洁工具的构造 3）保洁工具的用途	（1）方法：讲授法、演示法、案例教学法 （2）重点与难点：保洁工具的用途	2

附录

续表

职业基本素质培训要求			职业基本素质培训课程规范			
职业基本素质模块（模块）	培训内容（课程）	培训细目	学习单元	课程内容	培训建议	课堂学时
5.保洁工具与设备	5-2 常用保洁设备	（1）常用保洁设备的名称 （2）常用保洁设备的构造 （3）常用保洁设备的用途	常用保洁设备	1）保洁设备的名称 ①单擦机 ②洗地机 ③吸尘器 ④尘推车 ⑤吸水机 2）保洁设备的构造 3）保洁设备的用途	（1）方法：讲授法、演示法、案例教学法 （2）重点与难点：保洁设备的用途	2
6.职业健康与安全	6-1 安全防护认知	（1）安全防护的定义 （2）安全防护的意义	安全防护认知	1）安全防护的定义 2）安全防护的意义 ①对环境及他人防护的意义 ②对自身防护的意义	（1）方法：讲授法、案例教学法 （2）重点与难点：安全防护的意义	1
	6-2 安全防护知识	（1）用电的安全防护 （2）攀高的安全防护 （3）使用清洁剂的安全防护 （4）清洁环境不安全因素的防护	安全防护知识	1）用电的安全防护 2）攀高的安全防护 3）使用清洁剂的安全防护 4）清洁环境不安全因素的防护	（1）方法：讲授法、演示法、案例教学法 （2）重点与难点：清洁环境不安全因素的防护	1
	6-3 高空作业安全操作	（1）人员要求 （2）地面安全防护措施 （3）作业现场安全防护措施 （4）高空作业安全防护用品使用常识 （5）高空吊板作业注意事项	高空作业安全操作	1）人员要求 2）地面安全防护措施 3）作业现场安全防护措施 4）高空作业安全防护用品的使用常识 5）高空吊板作业注意事项	（1）方法：讲授法、演示法、案例教学法 （2）重点与难点：高空作业安全防护用品的使用常识	1
	6-4 安全防火知识	（1）火灾的预防 （2）火情的处理方法 （3）灭火的方法 （4）常用灭火器材的使用	安全防火知识	1）火灾的预防 ①火灾发生的条件 ②常见可燃物 2）火情的处理方法 ①报告火情 ②灭火 ③逃生	（1）方法：讲授法、演示法、案例教学法 （2）重点与难点：常用灭火器材的使用	1

续表

职业基本素质培训要求			职业基本素质培训课程规范			
职业基本素质模块（模块）	培训内容（课程）	培训细目	学习单元	课程内容	培训建议	课堂学时
6. 职业健康与安全	6-4 安全防火知识			3）灭火的方法 ①冷却灭火法 ②窒息灭火法 ③隔离灭火法 ④化学抑制灭火法		
				4）常用灭火器材的使用 ①灭火器 ②灭火毯		
	6-5 急救知识	（1）急救准备	（1）检查	1）急救准备的必要性	（1）方法：讲授法、演示法、案例教学法 （2）重点与难点：环境检查	1
				2）环境检查		
				3）伤情检查		
		（2）急救处置	（2）急救方法	1）电击救护	（1）方法：讲授法、演示法、案例教学法 （2）重点：摔伤、扭伤救护 （3）难点：心肺复苏	1
				2）皮外伤救护		
				3）摔伤、扭伤救护		
				4）心肺复苏		
7. 保洁服务质量管理	7-1 二次污染防治	（1）二次污染的定义 （2）二次污染的防范措施	二次污染防治	1）二次污染的定义	（1）方法：讲授法、演示法、案例教学法 （2）重点与难点：二次污染的防范措施	1
				2）二次污染的防范措施		
	7-2 质量管理的知识	（1）全面质量管理的定量 （2）PDCA质量改进循环法 （3）服务质量管理的基本方法 （4）质量管理制度	全面质量管理	1）全面质量管理的定义	（1）方法：讲授法、演示法、案例教学法 （2）重点与难点：PDCA质量改进循环法	2
				2）PDCA质量改进循环法		
				3）服务质量管理的基本方法		
				4）质量管理制度		
	7-3 清洁保养质量标准与检查	（1）检查点质量标准 （2）检查方法	清洁保养质量标准与检查	1）常见检查点清洁质量标准	（1）方法：讲授法，演示法，案例教学法 （2）重点与难点：清洁质量检查方法	1
				2）清洁质量检查方法 ①直观观察 ②物理接触（如手摸、软布擦拭等） ③荧光检测		

附录

续表

职业基本素质培训要求			职业基本素质培训课程规范				课堂学时
职业基本素质模块（模块）	培训内容（课程）	培训细目	学习单元	课程内容	培训建议	
8．相关法律、法规知识	8-1 相关法律知识	（1）《中华人民共和国劳动合同法》 （2）《中华人民共和国劳动法》 （3）《中华人民共和国道路交通安全法》 （4）《中华人民共和国治安管理处罚法》	相关法律知识	1)《中华人民共和国劳动合同法》相关知识 2)《中华人民共和国劳动法》相关知识 3)《中华人民共和国道路交通安全法》相关知识 4)《中华人民共和国治安管理处罚法》相关知识	（1）方法：讲授法、案例教学法 （2）重点：《中华人民共和国道路交通安全法》相关知识 （3）难点：《中华人民共和国治安管理处罚法》相关知识	1
	8-2 相关法规知识	（1）《城市市容和环境卫生管理条例》 （2）《突发公共卫生事件应急条例》	相关法规知识	1)《城市市容和环境卫生管理条例》相关知识 2)《突发公共卫生事件应急条例》相关知识	（1）方法：讲授法、案例教学法 （2）重点与难点：《突发公共卫生事件应急条例》相关知识	1
课堂学时合计						35

附录2 五级／初级职业技能培训要求与课程规范对照表

五级／初级职业技能培训要求				五级／初级职业技能培训课程规范				课堂学时
职业功能（模块）	培训内容（课程）	技能目标	培训细目	学习单元	课程内容	培训建议	
1．室内除尘	1-1 表面除尘	1-1-1 能选择表面除尘工具及清洁剂	（1）分析工作任务 （2）分析工作环境 （3）选择工具及清洁剂	（1）擦拭工具准备	1) 分析被擦拭物体的材质 2) 分析工作环境 ①工作场所 ②安全隐患 3) 选择工具 ①保洁工具 ②清洁剂 ③防护用具	（1）方法：讲授法、演示法 （2）重点与难点：分辨被擦拭物体的材质以及常用的擦拭方式	1
		1-1-2 能擦拭家具	（1）分辨家具材质 （2）选择擦拭方法 （3）擦拭家具的步骤	（2）家具擦拭	1) 家具的种类 ①办公柜 ②衣柜 ③皮质沙发 2) 家具擦拭的方法 3) 家具擦拭的注意事项	（1）方法：讲授法、演示法 （2）重点与难点：皮质沙发的擦拭方法及注意事项	1

五级／初级职业技能培训要求与课程规范对照表

续表

<table>
<tr><th colspan="4">五级／初级职业技能培训要求</th><th colspan="4">五级／初级职业技能培训课程规范</th></tr>
<tr><th>职业功能（模块）</th><th>培训内容（课程）</th><th>技能目标</th><th>培训细目</th><th>学习单元</th><th>课程内容</th><th>培训建议</th><th>课堂学时</th></tr>
<tr><td rowspan="3">1. 室内除尘</td><td rowspan="2">1-1 表面除尘</td><td>1-1-3 能擦拭门窗</td><td>（1）分辨门窗的类型
（2）检查门窗状态及安全隐患
（3）擦拭门窗的步骤</td><td>（3）门窗擦拭</td><td>1）门窗的类型
2）观察门窗的状态及安全隐患
3）门窗的擦拭方法及注意事项</td><td>（1）方法：讲授法、演示法
（2）重点与难点：门窗的擦拭方法及注意事项</td><td>1</td></tr>
<tr><td>1-1-4 能刮擦玻璃</td><td>（1）使用铲刀去除顽固污渍
（2）使用上水器润湿并去除表面污渍
（3）使用刮刀去除污水</td><td>（4）玻璃刮擦</td><td>1）使用铲刀去除顽固污渍的注意事项
2）使用上水器润湿并去除表面污渍的注意事项
①清洁液的蘸取
②清洁液的涂抹
3）使用刮刀去除污水
4）玻璃刮擦的步骤及注意事项</td><td>（1）方法：讲授法、演示法
（2）重点：玻璃刮擦的步骤
（3）难点：使用刮刀去除污水</td><td>1</td></tr>
<tr><td></td><td>1-1-5 能擦拭电梯</td><td>（1）检查电梯的运行状态并排查安全隐患
（2）电梯保洁工作的主要内容
（3）擦拭电梯轿厢</td><td>（5）电梯擦拭</td><td>1）电梯的运行状态及安全隐患
2）电梯保洁的主要工作内容
①电梯门
②轿厢内壁
③轿门内槽
④轿厢地面
3）电梯擦拭方法及注意事项
①擦拭方法及步骤
②擦拭注意事项</td><td>（1）方法：讲授法、演示法
（2）重点与难点：电梯擦拭的方法及步骤</td><td>2</td></tr>
<tr><td></td><td>1-2 地面除尘</td><td>1-2-1 能选择地面除尘工具</td><td>（1）分析工作任务
（2）分析工作环境
（3）选择工具及清洁剂</td><td>（1）地面除尘工具准备</td><td>1）分析地面材质
2）分析工作环境
①工作场所
②安全隐患
3）选择工具
①地面除尘工具
②清洁剂
③防护用具</td><td>（1）方法：讲授法、演示法
（2）重点与难点：选择工具</td><td>1</td></tr>
</table>

续表

五级/初级职业技能培训要求				五级/初级职业技能培训课程规范			
职业功能（模块）	培训内容（课程）	技能目标	培训细目	学习单元	课程内容	培训建议	课堂学时
1. 室内除尘	1-2 地面除尘	1-2-2 能清扫室内地面	（1）分析室内地面、楼梯情况及安全隐患 （2）清扫室内地面 （3）清扫楼梯	（2）室内地面清扫	1）分析地面、楼梯情况及安全隐患 2）地面、楼梯的清扫方法 ①按扫 ②弹扫 ③浮扫 ④推扫 3）地面、楼梯的清扫步骤及注意事项	（1）方法：讲授法、演示法 （2）重点：地面、楼梯的清扫步骤及注意事项 （3）难点：地面、楼梯的清扫方法	1
		1-2-3 能刮擦地面	（1）操作推水器 （2）配合使用其他工具	（3）地面刮擦	1）推水器的组装及拆卸 2）地面刮擦的方法 3）推水器与其他工具的配合使用 ①干拖把 ②吸水机	（1）方法：讲授法、演示法 （2）重点与难点：地面刮擦的方法	1
		1-2-4 能使用尘推进行地面推尘	（1）尘推的拆装 （2）喷涂静电除尘剂 （3）地面推尘 （4）尘推除尘整理	（4）尘推的保养	1）尘推的构造 2）尘推的组装及拆卸 3）喷涂静电除尘剂 4）尘推的清洁整理	（1）方法：讲授法、演示法 （2）重点与难点：尘推的组装及拆卸	1
				（5）尘推的使用	1）手拿尘推的行走方式 2）尘推的使用方法 3）地面推尘的注意事项	（1）方法：讲授法、演示法 （2）重点与难点：尘推的使用方法及注意事项	1
		1-2-5 能使用拖把拖擦地面	（1）拖擦的方法 （2）拖擦的注意事项	（6）拖把的使用	1）拖擦的方法 ①干拖 ②水拖 ③清洁液拖擦 2）拖擦的注意事项 ①手拿拖把的行走方式 ②作业时的握姿 ③作业线路	（1）方法：讲授法、演示法 （2）重点与难点：拖擦的方法及注意事项	1
	1-3 吸尘器的使用	1-3-1 能养护吸尘器	（1）吸尘器的种类及工作原理 （2）吸尘器的拆装	（1）吸尘器的养护	1）吸尘器的种类及工作原理 ①直立式吸尘器 ②圆筒式吸尘器 ③肩背式吸尘器	（1）方法：讲授法、演示法 （2）重点与难点：吸尘器的拆装	1

续表

五级/初级职业技能培训要求				五级/初级职业技能培训课程规范			
职业功能（模块）	培训内容（课程）	技能目标	培训细目	学习单元	课程内容	培训建议	课堂学时
1. 室内除尘	1-3 吸尘器的使用	1-3-1 能养护吸尘器	（3）吸尘器的整理		2）吸尘器的拆装 ①清洁刷及吸嘴 ②储尘筒（箱） ③扒头		
					3）吸尘器的整理 ①清洁 ②养护		
		1-3-2 能使用吸尘器除灰	（1）清除家具上的灰尘 （2）清除地面尘土	（2）使用吸尘器吸尘	1）清除家具上的灰尘	（1）方法：讲授法、演示法 （2）重点与难点：使用吸尘器的注意事项	1
					2）清除地面尘土 ①地板表面吸尘 ②地毯表面吸尘		
					3）使用吸尘器的注意事项 ①吸尘器的移动 ②作业前的检查 ③吸力的调节 ④工作中的状态		
		1-3-3 能排除常见简单故障	（1）常见简单故障的种类 （2）常见简单故障的处理方法	（3）吸尘器简单故障的排除	1）常见简单故障的种类 ①电动机温度过高 ②有异响 ③不吸尘	（1）方法：讲授法、演示法 （2）重点与难点：常见简单故障的处理方法	1
					2）常见简单故障的处理方法		
2. 室外除尘	2-1 室外除尘准备	能选择室外除尘工具	（1）分析工作任务 （2）分析工作环境 （3）选择工具及清洁剂	室外除尘工具准备	1）分析工作任务	（1）方法：讲授法、演示法 （2）重点与难点：选择工具	1
					2）分析工作环境 ①行人 ②车辆 ③路面环境 ④窨井盖的异常情况		
					3）选择工具 ①除尘工具 ②清洁剂 ③防护用具		
	2-2 城市道路清扫	能清扫城市道路	（1）清洁作业车在城市道路通行的安全注意事项	城市道路清扫	1）清洁作业车在城市道路通行的安全注意事项 ①工具的装载	（1）方法：讲授法、演示法	1

续表

五级/初级职业技能培训要求				五级/初级职业技能培训课程规范			
职业功能（模块）	培训内容（课程）	技能目标	培训细目	学习单元	课程内容	培训建议	课堂学时
2. 室外除尘	2-2 城市道路清扫		(2) 清扫路面 (3) 捡拾垃圾 (4) 垃圾装车		②同向行驶的安全注意事项 ③交汇时的安全注意事项 ④停车作业时的安全注意事项	(2) 重点与难点：清洁作业车在城市道路通行的安全注意事项	
					2) 路面清扫 ①人行道 ②路牙、墙根 ③树坑		
					3) 垃圾捡拾		
					4) 垃圾装车		
	2-3 城市家具除尘	能给城市家具除尘	(1) 分析城市家具的种类 (2) 城市家具除尘的注意事项	城市家具除尘	1) 城市家具的种类 ①信息设施 ②卫生设施 ③娱乐服务设施 ④交通设施 ⑤艺术景观设施	(1) 方法：讲授法、演示法 (2) 重点与难点：城市家具除尘的注意事项	1
					2) 城市家具除尘的注意事项 ①城市家具的安全注意事项 ②使用者的安全注意事项 ③自身的安全注意事项		
3. 消毒	3-1 消毒准备	3-1-1 能配制消毒剂	(1) 识别消毒工具种类 (2) 识别消毒剂种类 (3) 消毒剂配制操作	(1) 消毒工具	1) 消毒工具种类 2) 消毒剂容器 3) 擦拭工具 4) 防护用品	(1) 方法：讲授法、演示法 (2) 重点与难点：防护用品	1
				(2) 常用消毒剂的种类	1) 常用消毒剂的种类 2) 消毒清洁剂的保存 3) 消毒剂的存放注意事项	(1) 方法：讲授法、演示法 (2) 重点与难点：消毒剂的存放注意事项	1
				(3) 消毒剂的配制	1) 消毒剂的配制 2) 消毒剂的使用注意事项	(1) 方法：讲授法、演示法 (2) 重点与难点：消毒剂的使用注意事项	1

续表

五级/初级职业技能培训要求				五级/初级职业技能培训课程规范			
职业功能（模块）	培训内容（课程）	技能目标	培训细目	学习单元	课程内容	培训建议	课堂学时
3．消毒	3-1 消毒准备	3-1-2 能进行人员防护及应急处置	（1）消毒剂造成伤害的方式及防护 （2）感染风险的防护措施	（4）人员防护	1）消毒剂造成伤害的方式	（1）方法：讲授法、演示法 （2）重点与难点：消毒剂造成伤害的防护措施	1
					2）消毒剂造成伤害的防护措施 ①接触伤害防护 ②飞溅伤害防护 ③吸入性伤害防护		
					3）感染风险防护		
			（3）应急处置方法	（5）应急处置	1）接触消毒剂的应急处置	（1）方法：讲授法、演示法 （2）重点与难点：感染区域暴露风险的应急处置	1
					2）感染区域暴露风险的应急处置		
	3-2 擦拭法消毒	能使用擦拭法对物体表面进行消毒	（1）擦拭法消毒的优点及应用场景 （2）擦拭法消毒的注意事项	运用擦拭法对物体表面进行消毒	1）擦拭法消毒的优点及应用场景 ①室内 ②室外 ③卫生间洁具	（1）方法：讲授法、演示法 （2）重点与难点：擦拭法消毒的注意事项	1
					2）擦拭法消毒的操作方式		
					3）擦拭法消毒的注意事项 ①物体表面材质 ②消毒原则 ③消毒工具及消毒剂的摆放		
	3-3 喷洒法消毒	能使用喷洒法对器物及空间进行消毒	（1）喷洒法消毒的优点及应用场景 （2）喷洒法消毒的注意事项	运用喷洒法对器物及空间进行消毒	1）喷洒法消毒的优点	（1）方法：讲授法、演示法 （2）重点与难点：喷洒法消毒的注意事项	1
					2）喷洒法消毒的应用场景 ①垃圾桶 ②清洁作业工具 ③垃圾房		
					3）喷洒法消毒的注意事项		
	3-4 消毒工具的整理	能对消毒工具进行整理	（1）消毒工具的消毒及清洗 （2）剩余消毒剂的处置	消毒工具整理	1）消毒工具消毒	（1）方法：讲授法、演示法 （2）重点与难点：消毒工具消毒	1
					2）消毒工具清洗		
					3）剩余消毒剂处置		

附录

续表

五级／初级职业技能培训要求				五级／初级职业技能培训课程规范			
职业功能（模块）	培训内容（课程）	技能目标	培训细目	学习单元	课程内容	培训建议	课堂学时
4. 垃圾清运	4-1 垃圾分类	能对垃圾进行分类投放	(1) 垃圾分类 (2) 识别垃圾分类标志	垃圾分类	1) 垃圾的分类标准（按当地政府规定） 2) 不同垃圾的处理方式 3) 垃圾分类标志	(1) 方法：讲授法、演示法 (2) 重点与难点：垃圾的分类标准	2
	4-2 垃圾收集	能收集垃圾桶内的垃圾	收集垃圾桶内的垃圾	垃圾桶内垃圾清运	1) 垃圾桶的种类 2) 开启垃圾桶并收集内部垃圾 3) 安装垃圾桶内胆并套取垃圾袋	(1) 方法：讲授法、演示法 (2) 重点与难点：开启垃圾桶并收集内部垃圾	1
	4-3 垃圾转运	能使用运输工具转运垃圾	(1) 使用平板推车转运垃圾 (2) 使用环卫收集车转运垃圾 (3) 垃圾转运的安全防护和注意事项	垃圾转运	1) 使用平板推车转运垃圾 2) 使用环卫收集车转运垃圾 3) 垃圾转运的安全防护和注意事项	(1) 方法：讲授法、演示法 (2) 重点与难点：垃圾转运的安全防护和注意事项	1
课堂学时合计							30

附录3 四级／中级职业技能培训要求与课程规范对照表

四级／中级职业技能培训要求				四级／中级职业技能培训课程规范			
职业功能（模块）	培训内容（课程）	技能目标	培训细目	学习单元	课程内容	培训建议	课堂学时
1. 除污	1-1 除污准备	能选择除污工具及清洁剂	(1) 分析工作任务 (2) 分析工作环境 (3) 选择工具及清洁清洁剂	擦拭工具准备	1) 分析工作任务 ①去除水垢 ②去除锈垢 ③去除油垢 ④去除建筑施工残留污垢 2) 分析工作环境 3) 选择工具 ①保洁工具 ②清洁剂 ③防护用具	(1) 方法：讲授法、演示法 (2) 重点：分析工作任务 (3) 难点：选择工具	1
	1-2 室内污垢清除	1-2-1 能使用酸性清洁剂清除水垢	(1) 清除水垢的方法	(1) 水垢清除	1) 清除水垢的方法 ①拖擦法	(1) 方法：讲授法、演示法	1

续表

四级/中级职业技能培训要求				四级/中级职业技能培训课程规范			课堂学时
职业功能（模块）	培训内容（课程）	技能目标	培训细目	学习单元	课程内容	培训建议	
1. 除污	1-2 室内污垢清除	1-2-1 能使用酸性清洁剂清除水垢	（2）清除水垢的具体操作		②浸泡法	（2）重点与难点：清除水垢的方法	
					2）清除水垢的具体操作步骤		
					3）清除水垢的注意事项		
		1-2-2 能使用中性清洁剂清除锈垢	（1）清除锈垢的方法 （2）清除锈垢的具体操作	（2）锈垢清除	1）清除锈垢的方法	（1）方法：讲授法、演示法 （2）重点与难点：清除锈垢的注意事项	1
					2）清除锈垢的具体步骤		
					3）清除锈垢的注意事项		
		1-2-3 能使用碱性清洁剂清除顽固油垢	（1）清除油垢的方法 （2）清除油垢的具体操作	（3）油垢清除	1）去除油垢的方法 ①清洗法 ②擦拭法 ③铲除法	（1）方法：讲授法、演示法 （2）重点与难点：清除油垢的注意事项	1
					2）清除油垢的具体步骤		
					3）清除油垢的注意事项		
	1-3 建筑施工残留污垢清除	1-3-1 能使用有机溶剂清除装饰胶污垢和油漆污垢	（1）清除装饰胶污垢的方法 （2）清除油漆污垢的方法 （3）清除装饰胶污垢和油漆污垢的具体操作	（1）装饰胶污垢、油漆污垢清除	1）清除装饰胶污垢的方法	（1）方法：讲授法、演示法 （2）重点与难点：清除装饰胶污垢的方法	1
					2）清除油漆污垢的方法		
					3）清除装饰胶污垢、油漆污垢的具体操作		
		1-3-2 能清除水泥污垢	（1）清除水泥污垢的方法 （2）清除水泥污垢的具体操作	（2）水泥污垢清除	1）清除水泥污垢的方法 ①清水冲洗法 ②酸性清洁剂浸泡法	（1）方法：讲授法、演示法 （2）重点与难点：清除水泥污垢的注意事项	1
					2）清除水泥污垢的具体操作 ①清除水泥污垢的步骤 ②清除水泥污垢的注意事项		
	1-4 墙面清洗	1-4-1 能识别墙面材质	（1）常见的墙面材质	（1）墙面材质识别	1）常见的墙面材质 ①玻璃	（1）方法：讲授法、参观法	1

附录

续表

四级/中级职业技能培训要求				四级/中级职业技能培训课程规范			课堂学时
职业功能（模块）	培训内容（课程）	技能目标	培训细目	学习单元	课程内容	培训建议	
1. 除污	1-4 墙面清洗	1-4-1 能识别墙面材质	(2) 不同材质墙面的清洁注意事项		②石材 ③铝塑板 ④壁纸 ⑤涂料 ⑥彩钢板	(2) 重点与难点：不同材质墙面清洁及注意事项	
					2) 不同材质墙面的清洁注意事项		
		1-4-2 能清洗低位（3m以下）墙面	(1) 低位墙面的清洗方法 (2) 低位墙面的清洗步骤	(2) 低位墙面清洗	1) 低位墙面的清洗方法 ①伸缩杆的使用 ②人字梯的使用	(1) 方法：讲授法、参观法 (2) 重点与难点：伸缩杆的使用	1
					2) 低位墙面的清洗步骤		
		1-4-3 能清洗高位（3m以上）墙面	(1) 高位墙面的清洗方法 (2) 高位墙面清洗的安全注意事项	(3) 高位墙面清洗	1) 高位墙面的清洗方法 ①吊篮的使用 ②吊板的使用 ③脚手架的使用	(1) 方法：讲授法、演示法 (2) 重点与难点：高位墙面的清洗方法	1
					2) 高位墙面清洗的安全注意事项 ①安全防护工具 ②监护人员		
2. 养护	2-1 金属物品养护	2-1-1 能对不锈钢材质进行养护	(1) 养护剂的使用 (2) 不锈钢材质养护的具体操作	(1) 不锈钢材质的养护	1) 不锈钢材质的养护剂 ①光亮剂 ②新型养护剂	(1) 方法：讲授法、讨论法 (2) 重点与难点：不锈钢材质养护及注意事项	1
					2) 不锈钢材质养护的方法		
					3) 不锈钢材质养护的注意事项		
		2-1-2 能对铜器进行养护	(1) 铜器养护剂 (2) 铜器养护的具体操作	(2) 铜器的养护	1) 铜器养护剂 2) 铜器养护的步骤 3) 铜器养护的注意事项	(1) 方法：讲授法、讨论法 (2) 重点与难点：铜器养护的注意事项	1
	2-2 木器养护	能对木器进行养护	(1) 木器养护剂 (2) 木器养护的具体操作	木器的养护	1) 木器养护剂 ①碧丽珠 ②木器养护蜡	(1) 方法：讲授法、讨论法 (2) 重点与难点：木器养护的注意事项	1
					2) 木器养护的步骤		
					3) 木器养护的注意事项		

四级／中级职业技能培训要求与课程规范对照表

续表

四级／中级职业技能培训要求				四级／中级职业技能培训课程规范			
职业功能（模块）	培训内容（课程）	技能目标	培训细目	学习单元	课程内容	培训建议	课堂学时
3. 地面清洗	3-1 洗地准备	3-1 能养护地面清洗设备	（1）地面清洗设备的种类及工作原理 （2）地面清洗设备的拆装 （3）地面清洗设备的养护和故障排除	（1）自动洗地机的养护	1）自动洗地机的工作原理 2）自动洗地机附件的拆装 ①清洗垫 ②清洗刷 ③内球浮阀 ④其他附件 3）自动洗地机的清洁 4）自动洗地机的常见故障及处理方法	（1）方法：讲授法、演示法 （2）重点：自动洗地机附件的拆装 （3）难点：自动洗地机的常见故障及处理方法	1
				（2）单擦机的养护	1）单擦机的工作原理 2）单擦机附件的拆装 ①清洗垫驱动器 ②清洗刷 ③其他附件 3）单擦机的清洁 4）单擦机的常见故障及处理方法	（1）方法：讲授法、演示法 （2）重点：单擦机附件的拆装 （3）难点：单擦机的常见故障及处理方法	1
				（3）吸水机的养护	1）吸水机的工作原理 2）吸水机附件的拆装 ①滤尘装置 ②吸水浮球装置 3）吸水机的清洁 4）吸水机的常见故障及处理方法	（1）方法：讲授法、演示法 （2）重点与难点：吸水机常见故障的处理方法	1
	3-2 地面清洗操作	能使用地面清洗设备	（1）地面清洗工作场景的布置 （2）地面清洗设备的具体操作	地面清洗设备的使用	1）地面清洗工作场景的布置 2）地面清洗设备的具体操作 ①自动洗地机的具体操作 ②单擦机的具体操作 ③吸水机的具体操作	（1）方法：讲授法、演示法 （2）重点与难点：地面清洗设备的具体操作	1

附录

续表

四级/中级职业技能培训要求				四级/中级职业技能培训课程规范			课堂学时
职业功能（模块）	培训内容（课程）	技能目标	培训细目	学习单元	课程内容	培训建议	
4.公共卫生间服务	4-1 如厕服务	4-1-1 能指导如厕人员正确使用厕内各种设施	（1）厕具的使用知识（2）厕内其他设施的使用知识	（1）厕内各种设施的使用知识	1）厕具的使用知识 ①坐便器 ②蹲便器 ③小便器	（1）方法：讲授法、观摩法、实训（练习）法（2）重点与难点：红外感应器的使用知识	1
					2）厕内其他设施的使用知识 ①红外感应器 ②干手器 ③婴儿台 ④婴儿椅		
		4-1-2 能为如厕的老人、孕妇、儿童、残疾人提供帮助	（1）如厕服务对象的特征（2）如厕服务的具体操作	（2）提供如厕服务	1）如厕服务对象的特征 ①老人的特征 ②孕妇的特征 ③儿童的特征 ④残疾人的特征	（1）方法：讲授法、观摩法、实训（练习）法（2）重点与难点：如厕服务的具体操作	1
					2）如厕服务的具体操作 ①如厕服务的操作步骤 ②如厕服务的日常用语		
	4-2 公共卫生间日常管理	能统计水、电数，做交接班记录，履行日常管理程序	（1）水、电表的识读（2）填写公共卫生间日常管理记录	公共卫生间的日常管理	1）识读水、电表数	（1）方法：讲授法、演示法（2）重点与难点：日常管理质量评价	1
					2）日常管理质量评价		
					3）交换班记录的填写		
	4-3 公共卫生间突发情况应对	4-3-1 能对公共卫生间进行简单维修	公共卫生间设备异常的应对	（1）公共卫生间设备异常的应对	1）简单维修工具的使用	（1）方法：讲授法、演示法（2）重点与难点：设备异常的应对	1
					2）上水管跑水的应急处理		
					3）照明故障的应急处理		
		4-3-2 能应对异常突发情况	（1）火情、匪情的应对（2）如厕人员突发疾病的应对	（2）异常突发情况的应对	1）火情的处置与报警	（1）方法：讲授法、演示法（2）重点与难点：如厕人员突然发病的报警与处置	1
					2）匪情的处置与报警		
					3）如厕人员突然发病的报警与处置		

续表

四级/中级职业技能培训要求					四级/中级职业技能培训课程规范			
职业功能（模块）	培训内容（课程）	技能目标	培训细目	学习单元	课程内容	培训建议	课堂学时
5. 有害生物灭杀工作的实施	5-1 有害生物灭杀工作的实施	5-1-1 能灭杀蟑螂	(1) 蟑螂的生态习性 (2) 蟑螂的防控方法 (3) 蟑螂尸体的处理	(1) 蟑螂灭杀	1) 蟑螂的危害 2) 蟑螂的生态习性 ①活动习性 ②虫情调研 3) 蟑螂的防控方法 ①饵胶灭杀 ②粉剂灭杀 ③烟雾灭杀 4) 蟑螂尸体的处理	(1) 方法：讲授法、演示法 (2) 重点与难点：蟑螂的防控方法	1
		5-1-2 能灭杀蚂蚁	(1) 蚂蚁的生态习性 (2) 蚂蚁的防控方法	(2) 蚂蚁灭杀	1) 蚂蚁的危害 2) 蚂蚁的生态习性 ①蚂蚁的种类 ②蚂蚁的活动习性 3) 蚂蚁的防控方法 ①化学防治 ②物理防治 ③生物防治	(1) 方法：讲授法、演示法 (2) 重点与难点：蚂蚁的防控方法	1
		5-1-3 能灭杀蚊子	(1) 蚊子的生态习性 (2) 蚊子的防控方法	(3) 蚊子灭杀	1) 蚊子的危害 2) 蚊子的生态习性 ①中华按蚊 ②淡色库蚊 ③白纹伊蚊 3) 蚊子的防控方法 ①环境治理 ②化学防治 ③物理防治	(1) 方法：讲授法、演示法 (2) 重点与难点：蚊子的防控方法	1
		5-1-4 能灭杀苍蝇	(1) 苍蝇的生态习性 (2) 苍蝇的防控方法 (3) 苍蝇尸体的处理	(4) 苍蝇灭杀	1) 苍蝇的危害 2) 苍蝇的生态习性 ①家蝇 ②大头金蝇 ③丝光绿蝇 3) 苍蝇的防控方法 ①环境治理 ②化学防治 ③物理防治 4) 苍蝇尸体的处理	(1) 方法：讲授法、演示法 (2) 重点与难点：苍蝇的防控方法	1
		5-1-5 能灭杀老鼠	(1) 老鼠的生态习性 (2) 老鼠的防控方法 (3) 老鼠尸体的处理	(5) 老鼠灭杀	1) 老鼠的危害 2) 老鼠的生态习性 ①褐家鼠 ②小家鼠	(1) 方法：讲授法、演示法 (2) 重点与难点：老鼠的防控方法	1

续表

四级/中级职业技能培训要求				四级/中级职业技能培训课程规范			
职业功能（模块）	培训内容（课程）	技能目标	培训细目	学习单元	课程内容	培训建议	课堂学时
5. 有害生物灭杀	5-1 有害生物灭杀工作的实施	5-1-5 能灭杀老鼠			3）老鼠的防控方法 ①环境治理 ②化学防治 ③物理防治		
					4）老鼠尸体的处理		
	5-2 有害生物灭杀的安全措施和防控	5-2-1 能将虫控方案的关键信息通过告示、明示的方法进行发布	（1）虫控方案的内容 （2）灭杀有害生物的告示、明示的撰写	（1）告示、明示的撰写	1）虫控方案的内容 2）告示、明示的撰写格式 3）告示、明示的张贴形式	（1）方法：讲授法、演示法 （2）重点与难点：告示、明示的撰写格式	1
		5-2-2 能选择、佩戴安全防护用具	（1）安全防护用具的种类及作用 （2）安全防护用具的佩戴方法	（2）操作人员的安全防护	1）使用除害剂的危害与风险	（1）方法：讲授法、演示法、实训法 （2）重点与难点：安全防护用具的佩戴方法	1
					2）其他安全及健康危害 ①感染传染病 ②咬伤、叮伤、刺伤 ③滑倒、摔伤、扭伤		
					3）安全防护用具的种类及作用		
					4）安全防护用具的佩戴方法		
		5-2-3 能对误服除害剂的人、畜实施紧急救助	（1）除害剂中毒的方式 （2）除害剂中毒症状 （3）急救处置	（3）中毒的应急处置	1）除害剂中毒的方式 ①皮肤接触 ②吞食 ③吸入	（1）方法：讲授法、演示法、实训（练习）法 （2）重点与难点：急救处置	1
					2）除害剂中毒症状		
					3）急救处置		
		5-2-4 能应对火警及爆炸风险	（1）起火、爆炸的原因 （2）报警 （3）火情初期的扑救 （4）自救及逃生技能	（4）火警及爆炸风险	1）起火、爆炸的原因 ①可燃物 ②温度/火源 ③氧化剂	（1）方法：讲授法、演示法、实训（练习）法 （2）重点：灭火器的使用 （3）难点：起火、爆炸的原因	1
					2）报警		
					3）火情初期的扑救 ①灭火器的使用 ②灭火毯的使用		

四级/中级职业技能培训要求				四级/中级职业技能培训课程规范			
职业功能（模块）	培训内容（课程）	技能目标	培训细目	学习单元	课程内容	培训建议	课堂学时
5. 有害生物灭杀	5-2 有害生物灭杀的安全措施和防控	5-2-4 能应对火警及爆炸风险			4）自救及逃生 ①自救 ②逃生		
课堂学时合计							30

附录4　三级/高级职业技能培训要求与课程规范对照表

三级/高级职业技能培训要求				三级/高级职业技能培训课程规范			
职业功能模块（模块）	培训内容（课程）	技能目标	培训细目	学习单元	课程内容	培训建议	课堂学时
1. 地毯保洁	1-1 地毯保洁的基础知识	1-1-1 能识别地毯的种类及结构特性	（1）地毯的种类	（1）地毯的物理特性	1）按材质分类 2）按成品形态分类 3）按编织方法分类 4）按编织工艺分类	（1）方法：讲授法、实物示教法 （2）重点与难点：地毯按材质分类及编织工艺分类	1
			（2）地毯的结构特性	（2）地毯的结构特性	1）面层 2）承托层 3）副承托层 4）衬垫层	（1）方法：讲授法、实物示教法 （2）重点与难点：地毯的结构特性	1
		1-1-2 能识别地毯污渍	（1）地毯污渍的形成原理 （2）污渍种类的判断方法	（3）污渍类型的判断方法	1）地毯污渍的形成原理 2）污渍种类的判断方法 ①固体污渍 ②液体污渍 ③半流体污渍	（1）方法：讲授法、实物示教法 （2）重点与难点：污渍种类的判断方法	1
		1-1-3 能做好清洁准备（准备好清洁剂、清洗工具和清洗设备）	（1）常用地毯清洁剂的清洁原理 （2）常用地毯清洗工具 （3）常用地毯清洗设备	（4）清洁剂、清洗工具和清洗设备的准备	1）常用地毯清洁剂 ①高泡清洁剂 ②低泡清洁剂 ③地毯消泡剂 ④地毯去渍剂 2）常用地毯清洗工具 3）常用地毯清洗设备	（1）方法：讲授法、实物示教法、演示法 （2）重点与难点：常用地毯清洁剂	1

附录

续表

三级/高级职业技能培训要求				三级/高级职业技能培训课程规范			
职业功能模块（模块）	培训内容（课程）	技能目标	培训细目	学习单元	课程内容	培训建议	课堂学时
1.地毯保洁	1-1 地毯保洁的基础知识	1-1-3 能做好清洁准备（准备好清洁剂、清洗工具和清洗设备）	（4）工作现场布置要求及注意事项		4）工作现场布置要求及注意事项		
	1-2 地毯清洗	1-2-1 能进行地毯局部除污	（1）地毯局部除污的适用范围 （2）地毯局部除污的具体操作	（1）地毯去渍操作	1）地毯局部除污的适用范围 2）地毯局部除污的工作原理 3）地毯局部除污的具体操作 ①工作步骤 ②注意事项	（1）方法：讲授法、演示法、实训（练习）法 （2）重点与难点：地毯局部除污的具体操作	1
		1-2-2 能使用泡沫清洗法清洗地毯	（1）泡沫清洗法的种类和适用范围 （2）泡沫清洗法的具体操作	（2）地毯泡沫清洗法	1）泡沫清洗法的种类和适用范围 ①高泡清洗法 ②湿洗清洗法 2）泡沫清洗法的工作原理 3）泡沫清洗法使用的设备 ①打泡机 ②单擦机 4）泡沫清洗法的具体操作	（1）方法：讲授法、演示法、实训（练习）法 （2）重点与难点：打泡机的使用	2
		1-2-3 能使用抽洗清洗法清洗地毯	（1）抽洗清洗法的适用范围 （2）抽洗清洗法的具体操作	（3）地毯抽洗清洗法	1）抽洗清洗法的适用范围 2）抽洗清洗法的清洁原理 3）抽洗机的使用 4）抽洗清洗法的具体操作	（1）方法：讲授法、演示法、实训（练习）法 （2）重点与难点：抽洗机的使用	1
		1-2-4 能使用干洗法清洗地毯	（1）干洗法的适用范围 （2）干洗法的具体操作	（4）地毯干洗法	1）干洗法的适用范围 2）干洗法的清洁原理 3）干洗法使用的设备 ①干洗机 ②直立吸尘器 4）干洗法的具体操作	（1）方法：讲授法、演示法、实训（练习）法 （2）重点与难点：干洗法的具体操作	1

续表

三级/高级职业技能培训要求				三级/高级职业技能培训课程规范			课堂学时
职业功能模块（模块）	培训内容（课程）	技能目标	培训细目	学习单元	课程内容	培训建议	
1. 地毯保洁	1-3 地毯养护	能对地毯实施日常养护	(1) 养护工具、设备 (2) 地毯养护的具体操作 (3) 地毯养护质量标准	地毯养护操作	1) 养护工具、设备 ①圆筒式吸尘器 ②直立式吸尘器	(1) 方法：讲授法、演示法 (2) 重点与难点：地毯养护的具体操作	1
					2) 地毯养护的具体操作 ①预防措施 ②养护周期		
					3) 地毯养护质量标准		
2. 地面打蜡	2-1 打蜡准备	2-1-1 能选择适合蜡水	常见需打蜡地面的材质种类及特性	(1) 蜡水的选择	1) 地面材质的主要种类及特性 ①石材地坪 ②弹性地坪 ③木地板	(1) 方法：讲授法、观摩法 (2) 重点与难点：地面材质的主要种类及特征	1
					2) 蜡水的种类 ①高强度蜡水 ②高光防滑蜡水 ③金属铰链蜡水 ④弹性地板蜡水 ⑤木地板蜡水 ⑥家具蜡水		
		2-1-2 能根据地面材质选择打蜡的设备、工具和清洁剂	(1) 打蜡使用的工具及设备 (2) 打蜡使用的清洁剂	(2) 打蜡工具、设备和清洁剂的选择	1) 打蜡使用的工具 ①作业工具 ②防护工具 ③警示工具	(1) 方法：讲授法、实训（练习）法 (2) 重点与难点：高速抛光机的使用	1
					2) 打蜡使用的设备 ①单擦机 ②吸水机 ③全自动洗地机 ④高速抛光机		
					3) 打蜡使用的清洁剂 ①去蜡水 ②全能清洁剂 ③消泡剂		
		2-1-3 能布置作业现场	(1) 现场隔离 (2) 设备调试	(3) 作业现场布置	1) 现场隔离 ①划分区域 ②放置告示牌	(1) 方法：讲授法、实训（练习）法	1
					2) 设备调试		

附录

续表

	三级/高级职业技能培训要求			三级/高级职业技能培训课程规范			
职业功能模块（模块）	培训内容（课程）	技能目标	培训细目	学习单元	课程内容	培训建议	课堂学时
2.地面打蜡	2-1 打蜡准备	2-1-3 能布置作业现场	（3）工装及防护		3）工装及防护 ①手套 ②防滑鞋套 ③帽子 ④眼镜 ⑤工装	（2）重点与难点：作业现场布置	
	2-2 地面起蜡与打蜡	2-2-1 能使用起蜡水剥离原蜡层	（1）地面起蜡的条件分析 （2）地面起蜡的具体操作	（1）地面起蜡	1）地面起蜡的条件分析 2）地面起蜡的具体操作 ①地面起蜡的流程 ②起蜡的注意事项	（1）方法：讲授法、实训（练习）法 （2）重点与难点：地面起蜡的具体操作	2
		2-2-2 能对地面进行打蜡	（1）封底蜡和面蜡的作用 （2）地面打蜡的流程 （3）地面打蜡的注意事项	（2）地面打蜡	1）封底蜡和面蜡的作用 2）地面打蜡的流程 ①打封底蜡 ②打面蜡 3）地面打蜡的注意事项	（1）方法：讲授法、实训（练习）法 （2）重点与难点：地面打蜡的流程	2
	2-3 蜡面保养	能对蜡面进行保养	（1）蜡面推尘 （2）蜡面清洗 （3）蜡面抛光 （4）蜡面补蜡	蜡面的保养	1）蜡面推尘 2）蜡面清洗 3）蜡面抛光 ①抛光机的使用 ②蜡面抛光的注意事项 4）蜡面补蜡 ①补蜡液的使用 ②补蜡的注意事项	（1）方法：讲授法、观摩法、实训（练习）法 （2）重点与难点：补蜡液的使用	2
3.晶面处理	3-1 晶面处理的基础知识	3-1-1 能根据晶面材料选择相应的晶面处理设备、工具	（1）常用晶面处理设备的工作原理及注意事项 （2）常用晶面处理工具的工作原理及注意事项	（1）晶面处理的原理和优点	1）晶面处理的原理 2）晶面处理的优点	（1）方法：讲授法 （2）重点与难点：晶面处理的原理	1

续表

三级 / 高级职业技能培训要求				三级 / 高级职业技能培训课程规范			
职业功能模块（模块）	培训内容（课程）	技能目标	培训细目	学习单元	课程内容	培训建议	课堂学时
3.晶面处理	3-1 晶面处理的基础知识	3-1-1 能根据晶面材料选择相应的晶面处理设备、工具		（2）设备、工具准备	1）常用晶面处理设备的工作原理及注意事项 ①立式长柄圆盘机 ②手持变速抛光机	（1）方法：讲授法、演示法 （2）重点与难点：常用晶面处理工具的工作原理及注意事项	1
					2）常用晶面处理工具的工作原理及注意事项		
		3-1-2 能根据不同的石材质量选择相应的晶面处理清洁剂	常用晶面处理清洁剂的特点及适用对象	（3）清洁剂准备	1）结晶粉的特点及适用对象	（1）方法：讲授法、演示法 （2）重点与难点：清洁剂准备	1
					2）晶面处理清洁剂的特点及适用对象		
					3）晶面磨光浆的特点及适用对象		
		3-1-3 能做好作业现场的成品保护	作业现场成品保护的注意事项	（4）作业现场布置	1）成品保护的范围	（1）方法：讲授法、演示法、实训（练习）法 （2）重点与难点：成品保护工作的内容和措施	1
					2）成品保护工作的内容和措施		
					3）成品保护管理的基本原则		
	3-2 晶面作业实施	3-2-1 能对大理石拼花地面进行晶面处理	（1）大理石拼花地面晶面处理的方法 （2）大理石拼花地面晶面处理的流程	（1）大理石拼花地面的晶面处理	1）大理石拼花地面晶面处理的方法 ①用大理石结晶粉 ②用晶面剂	（1）方法：讲授法、演示法、实训（练习）法 （2）重点与难点：大理石拼花地面晶面处理的流程	2
					2）大理石拼花地面晶面处理的流程		
		3-2-2 能对瓷砖地面进行晶面处理	（1）瓷砖地面晶面处理的方法 （2）瓷砖地面晶面处理的流程	（2）瓷砖地面的晶面处理	1）瓷砖地面晶面处理的方法	（1）方法：讲授法、演示法、实训（练习）法 （2）重点与难点：瓷砖地面晶面处理的流程	2
					2）瓷砖地面晶面处理的流程 ①初次研磨 ②再次研磨		
		3-2-3 能对花岗岩地面进行晶面处理	（1）花岗岩地面晶面处理的方法 （2）花岗岩地面晶面处理的流程	（3）花岗岩地面的晶面处理	1）花岗岩地面晶面处理的方法	（1）方法：讲授法、演示法、实训（练习）法 （2）重点与难点：花岗岩地面晶面处理的流程	2
					2）花岗岩地面晶面处理的流程 ①初次研磨 ②再次研磨		

附录

续表

三级/高级职业技能培训要求				三级/高级职业技能培训课程规范			
职业功能模块（模块）	培训内容（课程）	技能目标	培训细目	学习单元	课程内容	培训建议	课堂学时
3.晶面处理	3-3 晶面的日常保养	3-3-1 能进行日常保养计划的安排	日常保养计划的安排	（1）制订日常保养计划	1）保养计划的内容 2）大理石类保养计划的制订 3）花岗岩类保养计划的制订	（1）方法：讲授法、项目教学法 （2）重点与难点：保养计划的内容	2
		3-3-2 能进行日常保养的实施	（1）日常推尘 （2）周期性研磨	（2）实施日常保养	1）日常推尘 2）周期性研磨 ①定期研磨 ②局部研磨	（1）方法：讲授法、项目教学法 （2）重点与难点：周期性研磨	2
4.公共卫生间设施管理	4-1 免水冲公共卫生间日常管理	能进行免水冲公共卫生间的日常管理	（1）免水冲公共卫生间的种类及工作原理 （2）发泡免水冲公共卫生间的日常管理	免水冲公共卫生间的日常管理	1）免水冲公共卫生间的种类及工作原理 ①打泡免水冲 ②发泡免水冲 ③木屑免水冲 2）发泡免水冲公共卫生间的日常管理步骤 ①日常清洁 ②发泡调节及添加 ③设施管理及维护 ④粪便清除	（1）方法：讲授法、观摩法 （2）重点与难点：粪便清除	1
	4-2 太阳能照明或供暖公共卫生间日常管理	能维护太阳能照明或供暖设备	（1）清洁太阳能照明和供暖设备 （2）维护、使用太阳能照明和供暖设备	太阳能照明或供暖公共卫生间的日常管理	1）太阳能照明和供暖设备的构成 ①太阳能集成板 ②自动控制开关 ③发光器/供热器 ④保温储水箱 2）太阳能照明或供暖公共卫生间的工作原理 3）清洁太阳能照明和供暖设备 4）维修太阳能照明和供暖设备	（1）方法：讲授法、观摩法 （2）重点与难点：清洁太阳能照明和供暖设备	2
	4-3 水处理循环使用的环保公共卫生间日常管理	能进行水处理循环使用的环保公共卫生间的日常管理	（1）水处理循环使用的环保公共卫生间的工作原理 （2）水处理设施的操作	水处理循环使用的环保公共卫生间日常管理	1）水循环公共卫生间的工作原理 ①水处理工艺原理 ②水处理设施的电控系统	（1）方法：讲授法、观摩法 （2）重点与难点：水处理设施的操作	1

续表

三级/高级职业技能培训要求				三级/高级职业技能培训课程规范			
职业功能模块（模块）	培训内容（课程）	技能目标	培训细目	学习单元	课程内容	培训建议	课堂学时
			（3）水处理设施使用的注意事项		2）水处理设施的操作 ①启动 ②关闭 ③异常情况处理		
					3）水处理设施使用的注意事项		
5. 培训与指导	5-1 业务培训	5-1-1 能确定培训目标和任务	（1）培训目标 （2）培训方针和任务	（1）目标和任务的确定	1）培训目标 ①近期目标 ②远期目标	（1）方法：项目教学法 （2）重点与难点：培训目标	1
					2）培训方针 ①围绕企业目标 ②兼顾员工发展		
					3）培训任务		
		5-1-2 能编写培训讲义	（1）培训基本要求 （2）教学内容 （3）培训讲义的编写方法	（2）培训讲义的编写	1）培训基本要求	（1）方法：项目教学法 （2）重点与难点：培训讲义编写程序	2
					2）教学内容		
					3）培训讲义编写程序		
		5-1-3 能进行培训	（1）教学材料准备 （2）培训方法 （3）教学方法	（3）培训实施	1）教学材料 ①教具 ②挂图 ③演示文稿	（1）方法：项目教学法 （2）重点与难点：演示文稿的制作	2
					2）培训方法 ①理论联系实际教学法 ②直观教学法 ③启发式教学法		
		5-1-4 能进行培训考核	（1）培训计划表 （2）培训考核参考表	（4）培训考核	1）培训计划表	（1）方法：实物示教法 （2）重点与难点：培训考核参考表	1
					2）培训考核参考表 ①考核方法 ②考核形式 ③考核标准		
	5-2 操作指导	能进行操作指导	（1）专业技能指导的方法 （2）案例指导	技能指导	1）技能的概念及形成过程	（1）方法：项目教学法 （2）重点与难点：操作指导的步骤	2
					2）作业训练的要点		
					3）操作指导的方法		
					4）操作指导的步骤		
					5）操作指导实例		
课堂学时合计							45